中/国/现/实/经/济/理/论/前/沿/系/列

国家自然科学基金项目"鄱阳湖生态经济区工业废弃物循环利用网络成员企业间利益协调机制研究"（项目编号：71163014）
江西省软科学研究计划项目"环保产业发展与环境治理绩效分析"（项目批准号：20133BBA10007）

工业废弃物循环利用网络企业间利益协调机制

Interests Coordination Mechanism of Industrial Waste Recycling Network between Enterprises

朱文兴　卢福财/著

经济管理出版社
ECONOMY & MANAGEMENT PUBLISHING HOUSE

图书在版编目（CIP）数据

工业废弃物循环利用网络企业间利益协调机制/朱文兴，卢福财著 . —北京：经济管理出版社，2016.1

ISBN 978-7-5096-4065-4

Ⅰ.①工… Ⅱ.①朱… ②卢… Ⅲ.①工业废物—废物利用—研究 Ⅳ.①X705

中国版本图书馆 CIP 数据核字（2015）第 289535 号

组稿编辑：郭丽娟
责任编辑：王　琼
责任印制：司东翔
责任校对：超　凡

出版发行：经济管理出版社
　　　　　（北京市海淀区北蜂窝 8 号中雅大厦 A 座 11 层　100038）
网　　址：www. E-mp. com. cn
电　　话：（010）51915602
印　　刷：北京易丰印捷科技股份有限公司
经　　销：新华书店
开　　本：720mm×1000mm/16
印　　张：10. 75
字　　数：181 千字
版　　次：2016 年 1 月第 1 版　　2016 年 1 月第 1 次印刷
书　　号：ISBN 978-7-5096-4065-4
定　　价：49. 00 元

目　录

第一章 绪 论

本章主要介绍本书研究的现实及理论背景、选题目的与意义、研究思路与方法，并在文献综述基础上，提出全书的框架和结构安排，最后探讨了研究创新与不足。

第一节 研究背景及意义

一、现实背景

传统高消耗粗放型经济发展模式，不仅造成资源巨大浪费，同时给生态环境维护带来巨大破坏。为此，探索经济与生态和谐共生的可持续发展模式成为当前学术界和政府部门研究的热点话题。循环经济打破了传统"先发展、后治理"单项链式发展思维，转而寻求资源循环利用，把上游企业废弃物作为下游企业原材料，企业间以物质流为主线，以盈利或缓解环境压力为目的，形成企业间"纵向闭合、横向耦合"复杂网络，其合作基础形态就是工业废弃物循环利用网络，它是循环经济、生态工业园及产业共生网络发展的必经之路。

当前，解决废弃物循环利用的主要途径分为企业内循环和企业间循环两种。企业内工业废弃物循环利用主要通过"无废工艺"、"清洁生产"、"生产责任延伸"、"绿色设计"等手段提高资源综合利用率，但企业内循环受主营业务、规模效应、跨行业经营等各种内外资源限制，生态产业链较短，难以形成废弃物闭环网络。企业间循环目前主要途径为废弃物随机市场交易和企业间长期合作。企业间市场交易主要是上游企业出售废弃物给下游企业，从而实现盈利或达到废弃物处理标准，但由于废弃物标准差异大、种类多样，难以整体、系统地对废弃物进行综合管理，且交易稳定性差。为此，大量企业以网络形态合作，寻求企业间共生项目开发，利用产业多样性优化企业资源配置，实现资源可持续发展，并逐步形成工业废弃物循环利用网络。

目前，我国虽然建设了一批生态工业示范园、循环经济实验区，但真正在企业间形成工业废弃物循环利用网络的企业园区却不是很多，区内跨产业的能源、水等资源梯级利用，物料和废弃物循环利用的生态网络基本处于生态链断裂状态；综合利用资源和生产工艺横向耦合以及实行物料多级利用机制还没有形成；废弃物处理设备闲置与缺乏并存；购买新原料和处理废弃物费用之间难以权衡；相关法律、法规不完善使得一些企业对于废弃物宁愿接受罚款，也不使用这些废弃物做原料；上游废弃物供应企业和下游废弃物处理企业以及企业与政府之间存在明显利益矛盾，既得利益企业与争取利益企业之间利益关系难以协调；等等。产生上述现象和问题的本质是未理顺成员企业间利益关系，利益冲突严重制约着工业废弃物循环利用网络有效运行。因此，研究影响工业废弃物循环利用网络成员企业间利益关系的表现形式和影响因素，评价不同利益协调机制的效果，分析不同利益协调机制的耦合共生就具有重大实际意义。

2009年12月，《鄱阳湖生态经济区规划》通过国务院批复，标志着鄱阳湖生态经济区发展上升为国家战略，鄱阳湖生态经济区的生态条件、资源基础、基础设施、工业结构等各方面条件具备推进产业生态化、实施经济与环境协同发展的良好条件。该地区所规划的十大产业基地中有八大产业为工业基地，即光电、新能源、生物、航空、铜、钢铁、化工、汽车。工业废弃物循环利用网络作为一体化循环模式，能够综合平衡资源循环利用与经济协同发展，为实现规划设计宏伟目标提供了生态和经济双赢的发展路径。

二、理论背景

自从1989年 Frosch 和 Gallopoulos[①] 发表《可持续工业发展战略》以来，

---

① Frosch R., Gallopoulos N. Strategies for Manufacturing [J]. Scientific, American, 1989.

废弃物循环利用就成为学术界研究热点。资源循环模式是按照生物系统的规律推演出经济发展模式，并最终实现经济系统与生态系统共生，但两大系统运行机理不一致，生态系统运行核心为自组织机制，经济系统虽有自组织功能，但更多受人为干涉，尤其受其趋利性影响，结果出现生态系统与经济系统的背离运行，难以实现系统的耦合。经典经济学从私利性角度假定人是理性经济人，拥有无穷欲望，资源环境为外生变量，把生态系统排除在外，孤立研究企业合作竞争成本与收益，未能充分体现生态系统经济利益关系。为此，需要进一步探索把生态系统作为内生变量后，企业间利益关系变化规律。在充分利用以价格为核心的市场机制基础上，结合政府规制调节手段，合理调节成员企业间利益关系，使循环经济产业链与其价值相契合，促使循环经济中各个主体形成互补互动、共生互利关系，才能使循环经济真正地循环起来（伍世安，2010）[①]。

市场经济虽然对资源进行优化配置，但市场经济本身的功能缺陷，使其难以解决生态产品公共性、排他性等问题，进而导致资源无限制低成本开发与破坏，尤其是市场经济难以协调网络外部效应问题，当外部效应为正时，企业社会收益大于企业私人收益，企业社会成本小于企业私人成本，这种网络外部效应会吸引企业加入网络，促进工业废弃物循环利用网络发展；反之，当网络外部效应为负时，企业社会收益小于企业私人收益，企业社会成本大于企业私人成本，将会导致收益成本失衡，部分企业会退出网络。网络合作过程中，市场机制同样难以控制逆向选择、机会主义行为等利益冲突问题。为此，需要进一步探索企业间利益协调手段，促进工业废弃物循环利用网络发展。但在现有市场经济环境下，仅仅依靠市场力量，难以解决经济发展中资源循环流动、环境污染、自然生态系统与社会经济系统协调统一等问题。如何解决循环经济组织政府规制与市场失灵、弹性和相对稳定性、内部产权及外部效应等方面问题始终存在，这必然迫使进一步研究完善循环经济体系中的网络成员之间的利益协调机制。

工业废弃物循环利用网络本质是围绕废弃物的循环利用，企业间利益关系连接形成开放复杂网络系统。现有研究表明，企业间利益关系博弈及演化产生多元化竞争与合作结果，进而对工业废弃物循环利用网络结构和演变产生影

---

① 伍世安. 论循环经济条件下的资源环境价格形成 ［J］. 财贸经济，2010（1）：101-106.

响，但企业间各种利益形势综合之后，利益关系是如何驱使工业废弃物循环利用网络演变值得进一步研究。

企业进入网络从事资源循环利用，突破单家企业价值链短的桎梏，形成资源采掘、加工、运输、仓储、消费等一系列价值链增值环节，价值链增值强度和方向引导着生态链走向，但环环相扣资源链，未必在每个交易环节都能够产生盈利；换言之，废弃物处理带来收益未必会大于其环境处理综合成本，这就意味着生态链断裂，网络难以形成。为此，工业废弃物循环利用网络"横向耦合、纵向闭合"系统弥补单家企业产业链割裂的不足，合理协调资源链与利益链匹配，确保成员企业利益，就成为网络形成的关键环节。

综上所述，如何针对工业废弃物循环利用网络本质特征，探索驱动成员企业的利益关系因素，正确地调节成员企业利益关系及利益冲突，建立循环网络利益协调机制就成为当前人们研究的重要课题。因此，研究促进工业废弃物循环利用网络利益协调机制，梳理成员企业间的利益关系，化解冲突风险及压力，评价不同利益协调机制的效果，分析不同利益协调机制的耦合共生就具有重大理论和现实意义。

三、研究意义

本书把工业废弃物循环利用网络作为一个完整、动态网络组织进行研究，以生态经济学、循环经济、利益及冲突论等为理论基础，以工业废弃物循环利用网络成员企业间利益关系为研究对象，探索其利益关系本质、演化和均衡条件；研究促进循环网络的利益协调机制，以鄱阳湖生态经济区企业为样本，研究不同协调机制之间的差异性和适应性，区分不同协调机制效能和使用条件，研究不同协调机制互动效应，并借鉴国内外工业废弃物循环利用的经验，以利益关系和协调理论为基础，对工业废弃物循环利益网络企业间利益进行协调机制设计。

1. 理论意义

（1）本书以工业废弃物循环利用网络利益关系为切入点，深入研究企业间利益关系、利益冲突、演化路径及影响因素，揭示阻碍工业废弃物循环利用的利益本质。

（2）本书从组织协调角度，对工业废弃循环利用网络成员企业间不同利益协调机制匹配和绩效进行研究，是对循环经济理论内容的重要补充。

2. 现实意义

（1）通过利益协调机制研究，为设置有效的协调机制提供了判断标准，有利于企业间采用正确、有效的协调沟通方式，有利于政府对工业废弃物循环利用网络成员企业间关系进行调节，从而促进循环网络形成和有效运行。

（2）通过研究探索影响工业废弃物循环利用网络利益的因素及冲突来源，明确了成员企业行为改进方向，有利于降低企业运行成本，提高合作企业收益，促进循环经济顺利实施。

（3）本书研究将直接服务于鄱阳湖生态经济区发展规划这一国家重大战略，为进一步加快转变鄱阳湖生态经济区经济发展方式，有效地实施生态经济发展模式提供决策参考和理论依据。

第二节 相关文献综述

一、文献回顾

本书从循环经济、利益关系、利益冲突、协调机制等方面，对国内外相关文献进行综述。

1. 工业生态与循环经济

Boulding（1969）提出的"宇宙飞船理论"是循环经济早期代表。1972年6月在斯德哥尔摩召开的联合国"人类与环境会议"上，他提出了"人类只有一个地球"的口号，提出了在资源约束条件下，把生态系统与经济系统结合起来发展的必要性①。直至 Frosch 和 Gallopoulos（1989）发表了制造业的战略，正式提出了工业生态的概念，系统阐述了工业生态方法，颠覆了制造业传统模式，才使循环经济在工业界、政界、学界蔚然成风。Frosch 和 Gallopoulos

---

① Kenneth Boulding. The Economics of the Coming Spaceship Earth［M］. Hohns Hopkins Press，Maryland，1969.

（1989）提出工业系统应向自然生态系统学习，以一体化生产方式取代传统简单化生产方式，在企业间组建物质和能源循环利用共生体系。美国电报电话公司（AT&T）的高管 Braden Allenby 综合研究技术与环境整合项目，并于 1992 年完成了他的工业生态博士论文。Hardin Tibbs（1993）在《全球商业网络》出版了《工业发展环境议程》（A New Environmental Agenda for Industry）。Schwarz 和 Steininger（1995）提出在企业间"建立工业循环网络"，通过相互匹配企业间网络来完成废弃物综合循环利用，以弥补单家企业生产能力及产业范围限制①。Lowe E. 等（1995）提出生态工业园是制造和服务企业为了改善环境，通过合作方式管理环境和资源而建立的工业园社区②。在此基础上，Cote 和 Hall（1995）从经济效益拓宽到经济与社会效应相结合领域，提出生态工业园是保护自然和经济资源，减少材料消耗，提高能源综合效率，降低生产及交易成本，同时提高产品质量，保护工人健康和提升公共形象，降低保险治疗成本和负债，为废弃物再使用及创收提供机会的一个工业体系③。

随后，S. Erkman（1997）④ 描述工业生态本质特征如下：

（1）系统、全面、综合地阐述了工业经济构成与生物圈的关系。

（2）人类生物物理基础活动为物质流复杂模式，国内外传统工业系统，主要考虑经济方面的抽象货币单位或者能量流动，但未关注经济与生态共生。

（3）技术集群把工业系统转变为一个可持续的产业生态系统。

H. P. Wallner（1999）认为，循环网络通过打破原有效率至上发展模式，建立生态与经济共生系统，实现产业网络化、整体化和生态集聚化的可持续发展模式⑤。Posch（2002）认为，生态经济"资源—产品—再生资源"的工业代谢模式，能够促进企业在"绿色设计、清洁生产、污染预防、能源有效使

① Schwarz E. J., Steininger K. W. Implementing Nature's Lesson: Industrial Recycling Network Enhancing Development [J]. Journal of Cleaner Prouduction, 1995, 5 (1): 47-56.

② Lowe E., Moran S., Holmes D. A Fieldbook for the Development of Eco-industrial Parks. Report for the U. S. Environmental Protection Agency [M]. Oakland (CA): Indigo Development International, 1995.

③ Cote, Raymond and J. Hall (eds). The Industrial Ecology Reader [M]. Halifax, Nova Scotia: Dalhousie University, School for Resource and Environmental Studies, 1995: 66-71.

④ S. Erkman. Industrial Ecology: An Historical View [J]. Journal of Cleaner Production, 1997, 5 (1-2): 1-10.

⑤ Heinz Peter Wallner. Towards Sustainable Development of Industry: Networking, Complexity and Eco-clusters [J]. Journal of Cleaner Production, 1999.

用"等领域进行交互合作，且诸多因素相互影响推进产业集群化和网络化，并最终形成复杂网络格局[①]。Chertow（2007）认为，循环网络是区域内一个长期企业间共生关系交易集合，包括企业间原材料交易、能源交易以及知识、人才、技术交易等[②]。Alfred Posch（2010）[③] 依据产业共生网络工作任务，提出不同层次的共生网络边界，如表1-1所示：

表1-1 产业共生网络的概念边界

第一阶段：环境保护任务不仅仅是原料的回收

事实上，回收治理是一种末端治理思维，仅仅是一种次优的解决方法，并没有在初始加工阶段避免和降低环境的负面产出，而是通过再利用副产品降低负面的环境影响

第二阶段：可持续发展不仅仅是环境保护

现在有一个广泛的共识，可持续发展意味着三个维度：经济繁荣、环境质量和社会正义，环境质量和社会正义已经很大程度上被科学和工业忽略了几十年

第三阶段：向可持续发展过渡需要涉及所有利益相关者

一个系统的过渡，例如，一个地区向一个更加可持续的未来发展，的确需要集成所有利益相关者包括行业、监管机构、不同利益集团、消费者和家庭等

Chertow 和 Ehrenfeld（2012）把产业共生网络模式分为四种：英国国家产业共生网络（NISP）产业生态园规划模式（PEIP）、丹麦卡伦堡的自组织共生网络模式（SOS）、韩国等国家生态工业园改良模式（RIP）、中国循环经济生态园模式（CE-EIP）[④]。

我国从20世纪90年代引入循环经济理念，可从狭义与广义角度来理解，广义循环经济是指"资源—产品—再生资源"循环型经济活动过程，主要分为循环型经济发展模式和转型发展新经济增长模式两种（马凯，2004）[⑤]。狭

① Posch A. From "Industrial Symbiosis" to "Sustainability Network" [R]. Spring: The Environment and Sustainable Development in the New Central Europe: Austria and its Neighbors, 2002.

② Chertow M. R. Uncovering Industrial Symbiosis [J]. Journal of Industrial Ecology, 2007, 11 (1): 11-30.

③ Alfred Posch. Industrial Recycling Networks as Starting Points for Broader Sustainability-Oriented Co-operation? [J]. Journal of Industrial Ecology, 2010, 14 (2): 242-257.

④ Marian Chertow and John Ehrenfeld. Organizing Self-Organizing Systems Toward a Theory of Industrial Symbiosis [J]. Journal of Industrial Ecology, 2012, 16 (1): 13-27.

⑤ 马凯. 贯彻和落实科学发展观，大力推进循环经济发展 [J]. 中国经贸导刊，2004 (19).

义循环经济是指废弃物循环利用和再生利用。《中华人民共和国循环经济促进法》采用狭义的循环经济概念，是指在生产、流通和消费等过程中进行减量化、再利用、资源化活动的总称。马世骏、王如松（1993）提出了著名的产业复合生态网络理论[①]。王兆华（2007）[②] 指出循环经济三个研究层面间的关系如图1-1所示，该领域的研究热点逐步从第一、第二个层面向第三个层面转移。

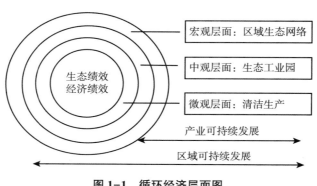

图1-1　循环经济层面图

刁晓纯、苏敬勤等（2009）认为，促进区域经济和环境协调发展，产业生态网络以工业废弃物价值循环为基础，成员企业通过合作方式减少环境问题[③]。目前循环经济实践形式为：一是生态工业园区建设；二是区域副产品交换网络。

2. 工业废弃物循环利用网络

废弃物是放错了地方的原材料（Boons，2008）[④]。工业废弃物是来自制造过程，不能在企业内部被直接使用，而被弃置或排到环境中（Graedel 和 Allenby，1995）；它们可能是某个工艺过程或某一家企业的废弃物，但它们对于

---

　　① 马世骏，王如松. 复合生态系统与持续发展 [J]. 复杂性研究. 科学出版社，1993.

　　② 王兆华. 循环经济：区域产业共生网络——生态工业园发展的理论与实践 [M]. 经济科学出版社，2007.

　　③ 刁晓纯，苏敬勤等. 工业园区中产业生态网络构建的实证研究 [J]. 研究与发展管理，2009（2）：37-44.

　　④ Boons，F. History's Lessons：A Critical Assessment of the Desrochers Papers [J]. Journal of Industrial Ecology，2008，12（2）：148-158.

其他企业可能有价值（霍斯特·西伯特，2001）[①]。工业废弃物常指工业生产、加工过程中产生的废料、废渣、粉尘、污水和污泥等。广义的工业废弃物主要包括气体工业废弃物、液体工业废弃物和固体工业废弃物三种形态，即通常所说的工业"三废"。狭义的工业废物，即工业固体废弃物，是指工矿企业在生产活动过程中排放出来的各种废渣、粉尘及其他废物等，包括冶金废渣、采矿废渣、燃料废渣、化工废渣等，分为可回收和不可回收废弃物。

废弃物的循环利用最早是由 Boulding（1969）在其"宇宙飞船理论"中提出的，本质上就是一种工业生态经济，核心是资源节约和综合利用。Schwarz 和 Steininger（1995）认为由于单家企业相对稳定的生产流程，生产过程中产生的废弃物不能被再次使用到同样的生产过程，为此提出需在企业间"建立工业循环网络"，通过相互匹配企业间网络来实现生产过程中"上游废弃物"的再使用。Chertow（2007）指出循环网络是一个长期的集合，包括企业间原材料的交换、能源运营以及知识、人才及技术交易集合。本书认为工业废弃物循环利用网络是企业间循环利用的一种有效的生态组织形式，通过相互匹配公司之间的生产过程来实现"上游废物"的再使用，使不同企业之间形成共享资源和互换副产品的产业共生组合，使上游生产过程中产生的废弃物成为下游生产过程的原材料，实现废弃物综合利用，达到企业间资源的最优化配置，从而实现产品清洁生产和资源可持续利用的环境和谐。

显然，工业废弃物循环利用网络是相互匹配的企业，为实现工业副产品的综合利用，使上游企业生产过程产生的废弃物成为下游企业生产过程的原材料，形成交互与合作、整体化和生态集聚化为一体的复杂网络形式。进一步研究循环网络边界发现，由于废弃物多样性和地理分散性，研究进入循环网络最小化门槛，就有必要研究包括原材料交换的地理边界和不同废弃物种类边界及规模与回收的边界。废弃物循环项目规模，包括废弃物的数量和废弃物的处理规模，规模越大越容易获次生原材料（Sterr 和 Ott，2004）。Chertow（2000）认为在区域范围内定义循环网络的合适规模，分为五个层次交换类型：①企业间废弃物交换；②在一个设施、机构或组织内进行废弃物合作；③在生态工业园内进行废弃物合作；④在当地企业非工业园内进行废弃物合作；⑤在更广泛

---

① ［德］霍斯特·西伯特. 环境经济学 ［M］. 蒋敏元译. 北京：中国林业出版社，2001.

的地区进行废弃物交易合作①。显然，企业间副产品的交换主要发生在区域规模范围内（Desrochers 2002）②，但并不是所有废弃物都能在区域层面解决，所以 Lyons（2007）认为没有最合适的废弃物循环和制造的地理边界，循环网络的边界受不同类型废弃物需求的大小约束③。Chen Xudong 等（2012）通过实证研究得出不同的废弃物和不同规模循环的边界不一样，规模越大运输及交易成本增加越多④。

3. 工业废弃物循环利用网络成员企业间的利益关系

利益问题是一个关系到人的存在和发展的根本性问题。刘学敏（2005）认为，利益关系是推进资源循环的最大障碍，正确地处理既得利益与长远利益、存量企业与增量企业、企业成本与收益的利益关系是循环网络成功关键⑤。徐建中和马瑞先（2007）认为资源循环网络产生的前提条件为成员企业间利益正相关⑥。王兆华（2007）提出工业共生网络的利益关系主要涉及生态链关系和经济链关系，并从共生角度分析了企业间寄生、偏利共生和互利共生关系⑦。苏敬勤等（2009）以废弃物作为纽带，分析共生网络组织纵向与横向关系，纵向关系指单个、多个上下游企业组成的四种结构关系，横向关系分为使用同种原材料的下游企业与相同、不同产业的关系，排放同种废弃物上游企业与相同、不同产业的关系⑧。张玉堂（2001）认为利益冲突是指不同的利益主体在争取利益过程中所产生的冲突，是人们在获取利益过程中彼此之间矛盾趋于激化所表现出来一种对抗性互动过程。利益冲突的形式主要可以从利益主

① Chertow, M. R. Industrial Symbiosis：Literature and Taxonomy ［J］. Annual Review of Energy and the Environment, 2000, 25：313-337.

② Desrochers, P. Regional Development and Inter-industry Recycling Linkages：Some Historical Perspectives ［J］. Entrepreneurship and Regional Development, 2002, 14（1）：49-65.

③ Lyons, D. I. A Spatial Analysis of Loop Closing Among Recycling, Remanufacturing, and Waste Treatment Firms in Texas ［J］. Journal of Industrial Ecology, 2007, 11（1）：43-54.

④ Chen Xudong, Fujita Tsuyoshi, Ohnishi Satoshi, Fujii Minoru, Geng Yong. The Impact of Scale, Recycling Boundary and Type of Waste on Symbiosis and Recycling ［J］. Journal of Industrial Ecology, 2012, 16（2）：129-141.

⑤ 刘学敏. 我国推进循环经济的深层障碍 ［J］. 经济纵横, 2005（7）：15-17.

⑥ 徐建中, 马瑞先. 企业发展循环经济的利益激励对策研究 ［J］. 改革与战略, 2007（9）：135-137.

⑦ 王兆华. 循环经济：区域产业共生网络——生态工业园发展的理论与实践 ［M］. 经济科学出版社, 2007.

⑧ 苏敬勤, 习晓纯. 产业生态网络研究 ［M］. 大连理工出版社, 2009.

体、利益对象以及利益冲突性质三个层面来把握，从而把利益冲突的形式划分为：不同利益主体在实现自身利益过程中彼此之间发生纵向冲突、同一利益主体在实现不同利益时所存在和发生的横向冲突以及不同性质利益冲突①。黄新建等（2009）从生态工业园的经济利益行为出发，认为企业间经济链接关系为寄生、偏利共生、非对称互惠共生、对称互惠共生四种形式，从链接的形态存在点共生、间歇共生、连续共生和一体化共生四种状态，并提出用共生效率测量不同共生单元合作成效②。经济集成和交互行动的最基本起点为废弃物，资源物质流是载体，信息流是媒体，经济流为结果，以物质流分析为基础，以价值流为内在废弃物的增值过程，以现金流为货币计量，在物质的开采、生产、转移、分配、消耗、废弃物回收等过程中，通过技术转换，促进废弃物的价值增值，降低生产成本，获得经济效益，通过信息流降低搜寻、商务谈判、合作摩擦等交易成本，提高产业共生交易的弹性和自我调节能力，实现经济发展和生态环境的双赢局面，确保系统稳定、有序、协调发展。

工业废弃物循环利用网络存在横向利益和纵向利益链接关系，横向利益关系为成员位于循环网络同一环节的企业间的竞争与合作的利益关系，主要指废弃物供应企业间的利益关系和废弃物回收加工商间的利益关系；纵向利益关系为在循环网中不同功能企业间的利益关系，主要指废弃物供应加工企业和废弃物回收加工企业间的利益关系。

4. 工业废弃物循环利用网络成员企业间利益关系影响因素

工业废弃物的综合利用受到市场、产业分布、地域距离、企业的数目和类型、政策环境、节点企业的经营状况、技术革新等诸多因素的影响（Chertow. M. R., 1999)③。Klein（1992）认为由于契约非完备性，企业间机会主义行为或"敲竹杠"往往导致合作方利益失衡④。汤吉军（2010）提出由于资产专用性导致合作企业间的锁定效应，致使"敲竹杠"的机会主义行为发生，从而影响企业间利益关系⑤。汪毅、陆雍森（2004）从生态产业链柔性等方面分析

①　张玉堂. 利益论——关于利益冲突与协调问题的研究 [M]. 武汉大学出版社，2001.
②　黄新建，甘永辉. 工业园循环经济发展研究 [M]. 中国社会科学出版社，2009.
③　Chertow M. R. The Eco - industrial Park Model Reconsidered [J]. Journal of Industrial Ecology, 1999，2（3）：8-10.
④　Klein B. Contracts and Incentives [M]. Cambridge, MA：Contract Economics，1992.
⑤　汤吉军. 资产专用性、"敲竹杠"与新制度贸易经济学 [J]. 经济问题，2010（8）：5-7.

成员企业可能受到9个方面的风险影响，包括契约风险、技术风险、政策法律风险、市场风险、管理风险、信息风险、外来物种的风险、交易风险、文化背景风险[①]。吴槐庆和牛艳玉（2008）认为购买新资源价格比废弃物变为有用资源价格低，从而导致成本效益失衡，造成关系链断裂[②]。企业间合作关系是购买新原料和废物生产、加工费用之间利益权衡结果（高君、程会强，2009）[③]。王朝全（2006）认为循环经济具有初始投资的沉淀性、效益的外部性和滞后性等特点，导致成员企业追求利润时存在明显矛盾[④]。杨蕙馨等（2007）认为上下游企业市场势力的变化决定上下游企业间价格与非价格控制，从而致使上下游企业由于不同竞争结构导致利益分享冲突[⑤]。循环经济网络中，产业链上下游企业相互依赖在一定程度上削弱了网络整体稳定性，相关法律、法规的不完善使得上游企业不能保证废弃物供应（赵涛、杨立宏、路琨，2009）[⑥]。冯南平等（2009）指出循环经济利益主体冲突主要来源于低效率市场不完全性、公共性、达不到最优均衡、代际问题等经济系统缺陷[⑦]。苏敬勤等（2009）认为循环经济网络组织不稳定、生态链断裂、技术创新、利益相关者都会影响共生网络的整体绩效及利益关系。孔令丞、谢家平、谢馥荟[⑧]（2010）指出企业为改变其产品结构，需对生产方式和生产规模进行调整，由此会对原有利益关系产生影响。

5. 工业废弃物循环利用网络成员企业间利益关系协调机制研究

Thompson（1967）提出了三种协调机制：一是用事先制定的规则和标准来控制和协调组织利益关系的标准化机制；二是用权力或权威来协调处理组织中

---

① 汪毅，陆雍森. 论生态产业链的柔性 [J]. 生态学杂志，2004，23（6）：138-142.

② 吴槐庆，牛艳玉. 破解循环经济发展中的价格难题 [J]. 浙江经济，2005（23）：38-39.

③ 高君，程会强. 自主实体共生模式下企业共生的博弈分析 [J]. 环境科学与管理，2009（9）：164-167.

④ 王朝全. 论循环经济的动力机制与制度设计 [J]. 生态经济，2006（8）：56-59.

⑤ 杨蕙馨，纪玉俊，吕萍. 产业链纵向关系与分工制度安排的选择及整合 [J]. 中国工业经济，2007（9）：14-21.

⑥ 赵涛，杨立宏，路琨. 基于外部性的循环经济网络利益平衡机制研究 [J]. 中国农机化，2009（5）：98-101.

⑦ 冯南平，杨善林. 循环经济系统的构建与"技术—产业—制度"生态化战略 [J]. 科技进步与对策，2009（1）：64-67.

⑧ 孔令丞，谢家平，谢馥荟. 基于产业共生视角的循环经济区域合作模式 [J]. 科技进步与对策，2010（5）：40-43.

的各种依赖关系的直接监督机制；三是沟通和信任关系的相互调整机制①。Van de Ven 等（1976）学者概括为利用标准、规则和计划的程序化协调机制和利用人际关系协调、沟通的非程序化协调机制两种基本形式②。Richardson（1972）提出市场交易、合作和指挥三种企业网络的协作方式。Williamson（1985）使用资产专用性、不确定性和交易频率对市场和一体化两种协调机制进行评判③。Alexander（1998）用协调结构的概念表示中间层组织的协调形式，中间层组织的协调结构被分为宏观协调结构、中观协调结构和微观协调结构三个层次④。Grandori（2000）就企业内部和企业之间的相同协调模式，提出了协调模式的不同种类，并就不同的依赖关系如何选择协调机制建立了评价模型⑤。Jap Sandy D. 和 Shanker Ganesan（2000）指出企业间协调具体手段包括专用性资产投资、监管、契约等⑥。张玉堂（2001）强调利益协调的途径主要为利益关系的调整、利益对象的有效供给、利益观念及行为的调整⑦。贾良定（2002）指出企业间的协调方式为市场的协调、合约的协调、准一体化协调和管理协调，并对不同情境下协调方式有效性进行了比较⑧。程新章（2006）认为复杂网络关系需以协调为内核进行治理，并梳理与研究了企业间协调类型、协调机制、协调工具与策略等⑨。王兆华（2007）依据交易频率与资产的专用性得出市场治理、双边治理、三方治理和一体化治理的共生网络的治理协调方式⑩。彭正银（2009）利用双边、三方协调方式和资源占用关系对企业网络进行协调，并结合企业集团提出市场、关系和法人治理三种方式⑪。

① Thompson，J. D. Organizations in Action. New York：McGraw-Hill，1967.
② Van de Ven，A. H.，Delbecq，A. L，Koenig Jr.，R. Determinants of Coordination Modes Within Organizations ［J］. American Sociological Review，1976，41（4）：322-338.
③ Williamson O. E. The Economic Institutions of Capitalism ［M］. Free Press，1985.
④ 张子刚. 中间层组织的治理与协调研究 ［D］. 华中科技大学博士学位论文，2006.
⑤ Grandori A. Organization and Economic Behaviour ［M］. London：Routledge，2000.
⑥ Jap Sandy D.，Shanker Ganesan. Control Mechanisms and the Relationship Life Cycle：Implications for Safeguarding Specific Investments and Developing Commitment ［J］. Journal of Marketing Research，2000，37（5）：227-245.
⑦ 张玉堂. 利益论——关于利益冲突与协调问题的研究 ［M］. 武汉大学出版社，2001.
⑧ 贾良定. 专业化、协调与企业战略 ［M］. 南京大学出版社，2002.
⑨ 程新章. 组织理论关于协调问题的研究 ［J］. 科技管理研究，2006（10）：232-235.
⑩ 王兆华. 循环经济：区域产业共生网络——生态工业园发展的理论与实践 ［M］. 经济科学出版社，2007.
⑪ 彭正银. 企业网络组织的异变及治理模式的适应性研究 ［M］. 经济科学出版社，2009.

高维和和陈信康（2009）从组织间关系内在建构出发，认为组织间关系演进本质是显性契约、关系契约、心理契约的不断进阶过程①。陈富良等（2009）从社会规制的视角，认为协调部门利益冲突主要有基于委托代理理论和基于合作共赢两种基本思路，并在此基础上提出了以规则与权威为核心的程序化协调机制，和以信任与合作为核心的非程序化协调机制②。伍世安（2010）主张循环经济的发展必须建立以价格为核心的市场机制，促进循环经济的产业链与其价值链相匹配③。张嫚（2005）认为可以通过环境规制来调节企业行为间的关联机制④。

6. 关于不同协调机制的有效性和协调成本研究

科斯、威廉姆斯和拉尔森从成本角度比较协调方式有效性，他们认为不同协调方式功能相同，可以完全可替代。贾良定（2002）对市场协调、合约协调、准一体化协调和管理协调四种企业间协调方式的有效性和协调成本进行了比较。崔琳琳和柴跃廷（2008）利用协同论与博弈论得出：在特定条件下，众多利益协调机制中存在一种最优协同机制，实现个体与整体利益最大化⑤。潘开灵和白烈湖（2006）指出管理协同理论经过了协作、协调与协同三个阶段，而且整体系统效用依次上升⑥。张青山、游明忠（2003）认为企业间协调成本产生的根本因素是信息不完备、利益不一致性和知识分裂⑦。曹瑄玮、张新国和席酉民（2007）认为对协调机制研究需要从静态观点转向动态观点，协调机制有效性与对应情境有关⑧。宋华等（2008）利用结构方程得出不同冲突类型，所产生的协调成本和绩效不一致⑨。马亮（2002）采用案例分析协调

① 高维和，陈信康. 组织间关系演进：三维契约、路径和驱动机制研究 ［J］. 当代经济管理，2009（8）：1-8.
② 陈富良，何笑. 社会性规制的冲突与协调机制研究 ［J］. 江西社会科学，2009（5）：187-191.
③ 伍世安. 论循环经济条件下的资源环境价格形成 ［J］. 财贸经济，2010（1）：101-106.
④ 张嫚. 环境规制与企业行为间的关联机制研究 ［J］. 财经问题研究，2005（4）：34-39.
⑤ 崔琳琳，柴跃廷. 企业群体协同机制的形式化建模及存在性 ［J］. 清华大学学报（自然科学版），2008（4）：486-489.
⑥ 潘开灵，白烈湖. 管理协同理论及其应用 ［M］. 经济管理出版社，2006.
⑦ 张青山，游明忠. 企业动态联盟的协调机制 ［J］. 中国管理科学，2003（2）：96-100.
⑧ 曹瑄玮，张新国，席酉民. 模块化组织中的协调机制研究 ［J］. 研究与发展管理，2007（5）：38-44.
⑨ 宋华，徐二明，胡左浩. 企业间冲突解决方式对关系绩效的实证研究 ［J］. 管理科学，2008（1）：14-21.

机制类型对绩效的影响①。陈志祥（2005）采用回归方程模型研究供应链协调与绩效之间的相互关系。孙国强、范建红（2005）利用相关分析的研究方法，研究网络组织治理机制与绩效之间的关系。Suhong（2006）采用结构方程模型研究协调机制与竞争优势、组织绩效之间关系。简言之，众多的研究表明，不同的协调方式具有不同的效度和协调成本。

二、文献述评

综合上述文献可以看出，有关资源循环利用无论是理论方面，还是实践方面都发展比较快，现有文献对工业废弃物循环利用网络成员企业间的共生关系和协调机制有了一定的研究，对影响循环网络因素进行了探索性分析，认识到协调机制是解决利益问题的有效途径之一，这些成果为本书研究奠定了坚实的基础，但还是有很多值得探索及深入研究的领域，这些空隙无疑为本书研究提供了空间。

（1）已有成果中单一、定性、一般化研究较多，对工业废弃物循环利用网络的概念界定还不够清晰，循环网络虽然可以提高资源利用率，但以"零废弃物"和"自然生态系统全面平衡"为实现目标过于理想化。从工业生态学角度来看，应该"模仿自然"，从生物圈得到灵感，设计和兼容它的正常功能，但这未必意味着设计结构和对象有机形状完全匹配，循环网络通过不同产业流程和不同行业间横向和纵向共生，以及不同企业或工艺流程间纵横向耦合及资源共享，使能量和物质消费得以优化，废弃物产出最小化，而由于物质、产权、资金等联系纽带多元化，纵横向耦合机制不清晰。

（2）企业基于自身利益最大化进行自主合作，但未必具有整体、系统思维，缺乏对整个循环经济系统运营把控能力；政府具有整体规划能力，政策调控主要面对中观与宏观，对微观企业间合作调节不够。为此，如何让企业间合作的微观效应与政府政策宏观落实进行系统整合，企业之间如何交互、整合以及如何管制还有待进一步探索。

---

① 马亮. 公共网络绩效研究综述——组织间网络的视角［J］. 甘肃行政学院学报，2009（6）：46-54.

（3）从成员企业利益关系角度探究有效协调机制相对而言还处于被忽略状态；对协调机制往往是从组织理论角度进行描述，并没有系统地从网络角度进行深入研究；虽然有人从不同的维度分析了利益关系影响因素，但对影响因素及因素间关系缺乏理论层面的深入系统剖析；对不同协调机制的边界、效能及耦合关系的研究还比较零散，尚未能形成统一的研究框架和理论范式；探讨利益关系与协调机制匹配和不同协调机制耦合关系还很少。

第三节　研究技术路线与方法

一、技术路线

本项目拟分五个步骤展开研究：一是采用文献归纳、逻辑推理，对工业废弃物循环利用网络的概念进行界定，对利益及利益协调机制进行文献综述；二是从企业间纵向关系与横向关系的角度，分析企业间利益关系，而后构建利益关系的博弈模型和一般均衡模型，研究利益关系的基础合作条件及利益关系的演变；三是利益关系受关键因素的影响，需要进一步对关键因素进行拓展延伸，以鄱阳湖生态经济区内企业为样本，使用因子分析探索影响工业废弃物循环利用网络企业的利益因素，并分析维持企业持续合作的因素条件；四是以企业间利益关系及利益冲突为协调对象，研究工业废弃物循环利用网络的协调机制，采用聚类分析对网络企业间关系协调与契约进行聚类，并使用回归方法分析关系协调与契约协调的调节效应，进一步分析政府等第三方协调的调节效应；五是针对不同的利益关系、不同冲突类型、网络不同的发展阶段设计相应的协调机制，并提出鄱阳湖生态经济区内工业废弃物循环利用网络发展对策。研究技术路线详见图1-2。

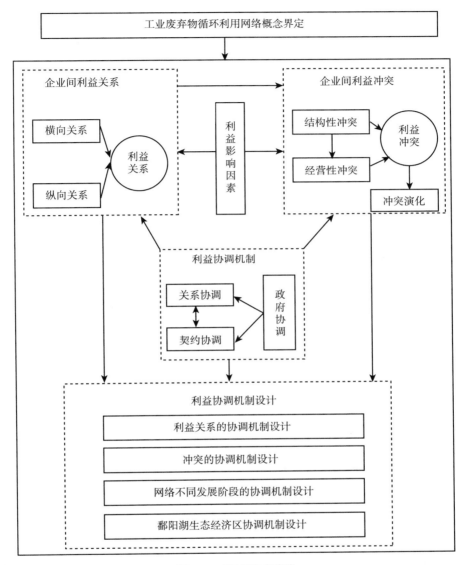

图1-2 研究技术路线

二、研究方法

本书综合采用文献追溯、访谈和问卷调查、一般均衡与博弈分析、因子分析与聚类分析、回归分析、Logistic 等方法展开研究。

1. 文献追溯

搜集整理国内外相关资料，从生物学、组织间关系、共生理论和循环经济理论的角度，界定工业废弃物循环利用网络内涵和特征，为利益关系和协调机制研究奠定基础。

2. 访谈和问卷调查

主要采用探测性小范围访谈和大量的问卷调查，以企业高层管理人员、技术人员为调研对象，对鄱阳湖生态经济区内 38 个县（市、区）不同工业园及行业进行调研。为了确保问卷的科学性和有效性，在收集国内外相关量表的基础上，分预调研阶段和正式调研阶段两个阶段进行调查研究。预调研阶段通过小范围访谈，改进问卷的提问方式，调整所设指标，修正问题的语言歧义；正式调研阶段采用修正后的问卷及量表对鄱阳湖生态经济区内的企业进行广泛调研。研究过程主要包括四个步骤：首先，研究问题的描述，包括文献查阅、相关概念和测量维度界定；其次，问卷开发，包括选择问卷的问题，设计调研问卷，然后咨询学术界和企业界的专家修改问卷，在量表的使用方面主要采用李克特（Likert）五点量表；再次，数据收集与分析，包括调研、信度分析和效度分析；最后，验证与结论。

3. 一般均衡与博弈分析

从工业废弃物循环利用网络成员企业间利益关系着手，系统地分析成员企业之间的利益关系构成，以废弃物副产品为纽带，构建生产函数，对不同类型的成员企业各自的投入，中间产品的产出产量、价格、政府补偿、交易成本的分担及废弃物的处理费用等综合分析，探索利益一般均衡的条件。运用静态分析（演化稳定策略）和动态分析（动态复制方程）的研究方法，构建共生企业合作的演化博弈模型，分析废弃物循环过程中上游企业、下游企业、政府和社会力量之间的利益关系演化。

4. 因子分析与聚类分析

利用因子分析研究众多影响因素之间的内部依赖关系，探求影响因素的指标体系，然后对关系协调和契约协调两类指标使用聚类分析。在上述因子分析的基础上，利用回归分析研究企业间协调的效能及关系，在实际分析中，使用SPSS16.0 软件。

5. Logistic 方法

采用 Logistic 方法中成长及状态模型分析工业废弃物循环利用网络的发展阶段，并采用共生思维研究企业间利益关系的共生演变。

6. 回归分析

采用回归分析研究工业废弃物循环利用网络关系协调与契约协调的绩效，进一步分析关系协调与契约协调的互动效应以及政府和企业间协调的互促效益。

第四节　各章内容安排

第一章：绪论。主要介绍课题研究的现实背景及理论背景，提出课题研究的理论及现实意义、研究的技术路线及方法、各章内容安排。

第二章：工业废弃物循环利用网络企业间利益关系。从横向关系角度探讨不同利益主体之间的利益关系，从纵向角度分析同一利益主体其个体利益和整体利益之间的关系，并分析利益关系产生的根源。探索了工业废弃物循环利用网络企业间利益关系本质，分别使用博弈论分析多方利益主体的利益博弈演化和使用一般均衡分析上下游企业间的投入产出均衡。运用静态分析（演化稳定策略）和动态分析（动态复制方程）的研究方法，研究不同利益主体之间关系演化，构建共生企业合作演化博弈模型，分析废弃物循环过程中上游企业、下游企业、政府和社会力量之间的利益关系演化。通过经济学成本收益法一般均衡逻辑分析思路，分析个体利益与整体利益之间的关系，以个体利益最大化为约束条件，以整体利益最大化为目标函数，以废弃物副产品为纽带，构建生产函数，对上下游成员企业各自的投入，中间产品的产出产量、价格和政府补偿、交易成本的分担，废弃物的处理费等利益均衡分析，探索利益均衡的条件。

第三章：工业废弃物循环利用网络利益影响因素。以鄱阳湖生态经济区内企业为样本，采用因子分析进一步探索工业废弃物循环利用网络的利益影响因素，并对主要利益影响因素的关键指标约束范围进行研究。

第四章：工业废弃物循环利用网络企业间利益冲突。依据"利益冲突来源—利益冲突类型—利益冲突演化"分两条路径展开研究。路径一：受基础条件的影响，企业间建立了结构性的利益关系，而根本的利益关系将可能导致结构性冲突产生，具体表现形式为组织结构冲突、彼此依赖冲突、市场结构冲突、公共性冲突等，结构性冲突主要受外部约束影响，短期内难以改变，演化条件为关键因素重大突破，容易对循环网络产生较大震荡。路径二：经营过程中关键利益影响因素导致企业间利益冲突，维持网络中企业间合作的关键要素需要具备一定的约束条件，若有效的合作条件被打破，将直接导致经营性冲突的产生，具体表现为直接经济利益冲突、机会主义冲突、战略调整冲突、人际冲突、彼此差异冲突、任务冲突、技术冲突及过程冲突，经营性冲突的演化取决于冲突双方的应对策略。

第五章：工业废弃物循环利用网络企业间利益协调机制。本章主要研究企业间关系协调、契约协调、政府协调及其组合机制。主要依据协调理论对不同协调机制的内涵、特点进行分析，并评价不同协调机制作用于企业间利益关系的效果。分析契约协调和关系协调等企业间协调机制各自效能以及整体效能。

第六章：工业废弃物循环利用网络企业间利益协调机制设计。首先遵循"谁来协调、协调什么、怎么协调"的思路，设计出协调目标、协调主体、协调客体、协调方式"四位一体"的协调体系。其次针对工业废弃物循环利用网络不同利益关系、不同的冲突来源及网络的不同阶段，以关系协调、契约协调及政府协调为主要手段，设计出相应的利益协调机制。最后针对鄱阳湖生态经济区现状，提出建立工业废弃物循环利用网络的组织协调机制，组建鄱阳湖生态经济区产业共生项目管理委员会，成立鄱阳湖生态经济区产业共生项目运作集团，并提出建立工业废弃物循环利用网络的政府规制体系、建立合理的利益分享机制、推进企业间联合战略及建立良好的沟通平台等对策。

第七章：结论与展望。主要从利益关系、利益影响因素、利益冲突、协调机制设计等方面得出结论，对未来继续研究外部协调与内部协调的系统耦合、"利益关系—关键因素—利益冲突—利益协调"结构关系及路径研究提出展望。

第二章 工业废弃物循环利用网络企业间利益关系

本章主要研究工业废弃物循环利用网络企业间利益关系内涵及其表现形式，分别从纵向、横向分析企业利益关系，并利用数理模型深入研究企业间利益关系的博弈、均衡及演化。

第一节 工业废弃物循环利用网络企业间利益关系内涵

一、利益及利益关系内涵

1. 工业废弃物循环利用网络中利益及其表现形式

马克思曾经明确指出，"人们奋斗所争取的一切，都同他们的利益有关"，"每一既定社会的经济关系首先表现为利益"。18 世纪法国启蒙思想家霍尔巴赫明确指出，"利益就是人行动的唯一动力"。利益分为广义利益及狭义利益。广义利益为人们通过社会关系表现出来的不同需要。从广义角度，Murat Mirata 和 Tareq Emtairah（2005）认为循环网络的利益表现为环境利益、经济利益、商业利益、社会利益，其中环境利益为改善资源利用效率、减少自然原材料的利用、减少污染物排放；经济利益为减少资源的投入成本、减少废物管理成本、从更高价值的副产品和废物流中获得额外收入；商业利益为提高商业效益、改善外部各方的关系、提高绿色发展形象、开发新产品和新市场；社会利益为创造新的就业和提高现有工作质量，创建一个更清洁、更安全、自然和谐的工作环境①。狭义利益主要为物质利益。为此，本书认为工业废弃物循环利用网络中狭义利益主要指经济利益。具体表现为产品或加工服务利益、政府的补偿利益、合作租金收益等。产品或服务利益为企业投资于废弃物加工处理所带来的副产品或服务收益；政府的补偿利益为从事废弃物经营所带来的政策性补偿收益，具体表现为政府的直接补贴、税收优惠政策等；合作租金收益为成员企业之间长期的合作带来的交易收益大于交易成本的溢出性收益。而其他的非直接经济利益都会通过一定的利益传导机制，把间接的利益转化为直接的经济利益。

2. 工业废弃物循环利用网络中利益关系

工业废弃物循环利用网络是一种以独立个体或群体为节点、以彼此之间废弃物的综合开发利用为纽带而形成的介于企业与市场之间的制度安排，具体表现为以分包制、特许经营、战略联盟、虚拟企业、产业集群等。依据不同功能企业的竞合关系，可分为横向型企业网络、纵向型企业网络和混合型企业网络（陈艳莹等，2010）②，不同的网络结构表现出对应的利益关系。苏敬勤等（2009）以废弃物作为纽带，分析产业生态网络的纵向与横向关系，纵向关系指单个、多个上下游企业组成四种结构关系，横向关系分为使用同种原材料的下游企业与相同、不同产业的关系，以及排放同种废弃物上游企业与相同、不同产业的关系。王兆华（2007）提出工业共生网络利益关系主要涉及生态链关系和经济链关系，并从共生角度分析了企业间的寄生、偏利共生和互利共生关系。郭朝阳（2000）认为横向利益关系为同一利益主体不同的利益关系，纵向利益关系为不同利益主体的利益关系③。

综合上述文献，工业废弃物循环利用网络通过企业间合作实现资源效率的最大化，同时实现各自的经济利益，网络结构表现为纵向关系与横向关系，伴随不同的结构关系，成员企业间经济利益具有差异性。本书研究工业废弃物循

① Murat Mirata, Tareq Emtairah. Industrial Symbiosis Networks and the Contribution to Environmental Innovation: The Case of the Landskrona Industrial Symbiosis Programme [J]. Journal of Cleaner Production, 2005 (13): 993-1002.

② 陈艳莹，姜滨滨，夏一平. 纵向企业网络理论研究进展述评 [J]. 产业经济评论，2010 (2): 18-25.

③ 郭朝阳. 冲突管理：寻找矛盾的正面效应 [M]. 广东经济出版社，2000.

环利用网络的企业间利益协调机制，以企业间纵向关系和横向利益关系为基础，研究在不同结构关系中的企业间利益关系、演化条件及利益冲突。

二、纵横向利益关系

1. 纵向利益关系

循环网络中成员企业间的纵向关系主要表现在产业链关系上，产业链主要是研究上下游企业及其相关企业之间的相互作用、关系、结构以及整体竞争优势。产业链纵向关系的形成根源于社会的分工，之后产业和企业的演化规律更为研究产业链纵向关系提供了新的研究方向。工业废弃物循环利用网络中的纵向关系本身包含了两层含义：一是表示循环网络路径的延伸和拓展；二是指上下游企业针对不同结构而采取的策略措施。循环网络纵向关系是通过产权、契约、交易连接起来的，完整的纵向关系包括了从产品生产的原材料开采、生产运输直至产品销售的组织内部关系。在工业废弃物循环利用网络中，纵向关系具体表现在产业链的延伸和市场结构（苏敬勤，2009），对成员企业的利益构成具有重要的影响，是工业废弃物循环利用网络的基本关系。

（1）产业链延伸对纵向利益关系的影响。工业废弃物循环利用网络是在产业链延伸下集成交互形成，只要存在经济利益，企业就会进入网络，产业链就会延伸，所以经济利益的大小决定了产业链的边界。换句话说，产业链延伸条件为：通过其他方式获得资源总成本高于废弃物进行循环利用成本时，则会在产业链延伸中获得经济利益，在利益驱动下，企业会主动从事废弃物循环利用，从而延伸了产业链（苏敬勤，2009）。

（2）市场结构对纵向利益关系的影响。苏敬勤（2009）认为从事废弃物循环利用的上下游企业纵向结构分为四种情况，具体见图2-1。

第一种，单个上下游企业。从竞争形式来看，表现为上下游企业双边垄断，企业间彼此依赖性很强，任何一个企业由于经营状况的变更，可能导致合作的瓦解。例如，上游企业工业技术的变更，致使废弃物的成分及规模发生变化，导致下游企业难以跟上变化的形势，现实中表现为供应链的断裂。上下游企业的破产都会导致资源链的断裂，进而对合作企业利益发生影响。

第二种，单个上游企业和多个下游企业。从竞争形式来看，表现为上游企业的单边垄断，上游企业完全垄断，下游企业可能为寡头垄断、垄断竞争或完

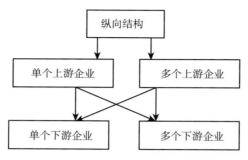

图2-1 纵向市场结构示意

资料来源：苏敬勤，习晓纯．产业生态网络研究［M］．大连理工大学出版社，2009．

全竞争。产生两方面的结果：一方面，促使下游废弃物处理企业进行横向联合，降低竞争强度，提高废弃物综合利用的水平，循环网络的一体化趋势增强；另一方面，导致大量从事废弃物循环利用的加工企业退出该经营领域。

第三种，多个上游企业与单一的下游企业。从竞争形式来看，表现为下游废弃物加工商单边垄断，上游企业可能为寡头垄断、垄断竞争或完全竞争，下游企业为完全垄断。从现实情况看，废弃物供应充足，环境压力大，以综合回收及加工商为核心企业共生，如污水处理中心、工业园的废弃物处理中心等。上游企业单边垄断的市场结构必然导致上游企业废弃物处理的压力加大，将大大地提高上游废弃物供应企业排放成本，促使上游企业进行生产责任的延伸，退出循环网络合作，进行企业内部处理。

第四种，多个上游企业对多个下游企业。从竞争形式来看，出现竞争形态的多元化。现实中，多条资源线路的集成合作，网络关系真正形成，网络的稳定性增加，利益关系取决于不同的竞争形态，交易成本增加。

（3）其他因素对纵向利益关系的影响。首先，环境标准及环境压力。环境标准越高，企业排污压力越大，上游企业对于废弃物处理投入和排污成本就越高，对下游企业的依赖就越强，竞争的形式就会促使上游与下游企业进行长期合作；反之，环境标准比较低，上游企业依赖下游企业的强度下降，上游企业在环境效益与经济效益之间平衡，选择最适合自己的废弃物处理方式。其次，废弃物的经济价值。如果废弃物经济价值高，选择去向多，上游企业对下游企业依赖性就低。反之，如果废弃物经济价值低，上游企业对下游企业的依赖就高。再次，可替代的自然原材料的价格及其充裕性。如果自然原材料的价格低，且可以多种渠道获得，上游企业对下游企业的依赖性增加；反之亦是。最后，产业链的延伸能力。如果上游企业的产业链延伸能力强，就倾向于内部消化废弃物，进一步把废弃物资源经济化，上游企业对下游企业的依赖性下降；反之亦然。

2. 横向利益关系

传统理论中的横向关系指同一产业中从事同样生产经营活动的企业间的竞争与合作关系，根据 Bengtsson 和 Kock（1999）的定义，竞合关系是企业与竞争者在相同的市场上存在竞争与合作的互动关系①。换言之，现实中竞争和合作是相生相伴的，不存在单纯的竞争或合作，而更多的是在同一时间两个关联企业间既合作又竞争的关系。工业废弃物循环利用网络中以废弃物为纽带，其横向利益关系主要指上游废弃物供应企业之间的竞合关系或下游废弃物处理企业间的竞合关系的利益机制。苏敬勤（2009）对以废弃物为纽带的共生企业间的横向关系进行了重新界定，根据产业是否同一性提出上游企业的横向关系为：在同一产业经营排放相同的废弃物与不同产业经营排放相同的废弃物的企业间关系；与此类似，下游企业横向关系为：在同一产业使用相同的废弃物与不同产业使用同种废弃物作为原材料的企业间关系。依据上述概念，横向关系为成员企业位于循环网络同一环节的企业间的竞争与合作关系，主要指从事废弃物供应的上游企业间利益关系和从事废弃物加工的下游企业间的利益关系。本书在传统横向关系定义方法的基础上，不考虑产业的同一性与差异性，研究主产品与副产品（废弃物）市场结合，重新界定工业废弃物循环利用网络市场结构，分别讨论废弃物供应企业之间与废弃物处理企业之间的横向关系，并分析其利益变化。

（1）上游废弃物供应企业间的横向利益关系。上游企业竞争和合作发生在两个过程中，一个是上游企业的主产品市场，另一个是副产品（废弃物）市场，本书综合主副两个市场分析上游企业市场结构。显然，依据经济学的经典理论，市场结构包含市场竞争程度与市场内企业规模，本书依据市场竞争程度判定企业规模，如市场为完全垄断或寡头垄断，本书假定它们为大规模的企

---

① Maria Bengtsson, Sören Kock. Cooperation and Competition in Relationships between Competitors in Business Networks [J]. Journal of Business & Industrial Marketing, 1999, 14 (3): 178-194.

业；反之，如市场为垄断竞争和完全自由竞争，我们认为其为中小规模企业。依据上述假设，主副产品的市场结构见表2-1。

表2-1　企业横向关系下的市场结构

主产品市场＼副产品市场	完全垄断（Ⅰ）	寡头垄断（Ⅱ）	垄断竞争（Ⅲ）	自由竞争（Ⅳ）
完全垄断（Ⅰ）	（Ⅰ，Ⅰ）	（Ⅰ，Ⅱ）	（Ⅰ，Ⅲ）	（Ⅰ，Ⅳ）
寡头垄断（Ⅱ）	（Ⅱ，Ⅰ）	（Ⅱ，Ⅱ）	（Ⅱ，Ⅲ）	（Ⅱ，Ⅳ）
垄断竞争（Ⅲ）	（Ⅲ，Ⅰ）	（Ⅲ，Ⅱ）	（Ⅲ，Ⅲ）	（Ⅲ，Ⅳ）
自由竞争（Ⅳ）	（Ⅳ，Ⅰ）	（Ⅳ，Ⅱ）	（Ⅳ，Ⅲ）	（Ⅳ，Ⅳ）

根据主副产品竞争形态，存在16种组合的市场结构，为了更加简洁明了地反映不同市场特征，且又不失一般性，依据完全垄断与寡头垄断在市场控制方面具有较大的相似性特征，本书把此两种竞争形态统称为垄断市场；与此相类似，本书把垄断竞争和自由竞争统称为竞争市场，依据此逻辑把16种市场竞争结构分为如下四种类型。

类型一：主副产品市场双边垄断型。其包含（Ⅰ，Ⅰ）型、（Ⅰ，Ⅱ）型、（Ⅱ，Ⅰ）型与（Ⅱ，Ⅱ）型。上游企业围绕废弃物综合开发利用，废弃物供应量波动依赖于主产品的市场需求，决策的重心往往在主产品，副产品交易目的为消除副产品的环境压力和提升资源利用的综合价值，依据此逻辑推理，出现主副产品市场双边垄断时，上游企业会加大垄断力量，缩减主产品产量，谋取更大的利润，但垄断利润的获取会减少均衡产量，因此会减少制造商生产的废弃物数量。副产品市场的垄断，表现为上游企业控制了废弃物资源的供应，由于废弃物供应数量受主产品生产的刚性约束，上游企业对总体废弃物产量调节能力有限，必然导致废弃物的价格上升。此时会产生两种效应：一是削弱废弃物下游企业的合作意愿，甚至使得下游企业放弃合作；二是可回收的废弃物数量减少，可能导致下游企业为了获得更为稀缺的废弃物资源而提高回收价格，同时以废弃物作为原料的企业将扩大自然原材料使用量，原料成本上升。从事资源循环的企业数量减少，网络的密度下降，网络结构朝着核心企业进化，一体化程度提高。

类型二：主产品市场单边垄断型。其包含（Ⅰ，Ⅲ）型、（Ⅰ，Ⅳ）型、（Ⅱ，Ⅲ）型与（Ⅱ，Ⅳ）型，即上游企业主产品市场完全垄断或寡头垄断，废弃物市场为垄断竞争或自由竞争。上游企业一方面在主产品市场上削减产量提高价格，攫取垄断利润，导致废弃物供应量下降；另一方面在副产品市场上，由于上游企业废弃物供应量减小，且废弃物市场的控制能力比较弱，竞争比较激烈，促使上游企业在废弃物市场上建立稳定的协作关系，以降低交易成本，同时，上游企业在副产品市场的协作，可以更好地获得规模效应和范围经济，从而降低生产成本。

类型三：副产品市场的单边垄断型。其包含（Ⅲ，Ⅰ）型、（Ⅲ，Ⅱ）型、（Ⅳ，Ⅰ）型、（Ⅳ，Ⅱ）型。上游企业主产品市场竞争比较激烈，价格及产量由市场决定，对于副产品的供应量难以控制，副产品数量由主产品市场的均衡产量决定。副产品市场的控制性较强，上游企业通过提高废弃物市场价格，增加废弃物的盈利水平，围绕副产品的资源供应，形成结构为单核心或多核心的循环网络。

类型四：主副产品市场多元竞争型。其包含（Ⅲ，Ⅲ）型、（Ⅲ，Ⅳ）型、（Ⅳ，Ⅲ）型与（Ⅳ，Ⅳ）型。主产品及副产品的产量及价格需要随行就市，难以控制，价格及产量波动较大，竞争交易成本较高，利益难以保证，为此，上游企业间的合作关系主要体现在上游企业形成价格联盟提高废弃物价格，合作处理废弃物、分享客户资源信息以此降低交易成本，形成自主实体的共生网络结构，如丹麦的卡伦堡的共生模式。合作关系的建立有助于上游企业在面向下游厂商时获得更强的市场势力，分担市场变化带来的风险。在技术上的合作可以有效解决单个企业技术进步中投资成本过大、风险较高的问题，有利于废弃物处理技术的普及。反之，上游企业的价格竞争关系则会降低废弃物价格水平，但同时由于技术竞争的存在，在此状况下，上下游企业都希望拥有更好的处理效率和更低的废弃物处理成本，因此竞争关系会促进技术进步，而技术水平的高低对于废弃物最后的定价也将起到一定的作用。

其他的因素如废弃物属性、产业链延伸能力与环境压力与纵向关系讨论类似，限于篇幅，在此不再赘述。

（2）下游废弃物加工企业间的横向利益关系。相比较上游企业的竞合关系，下游企业间的收益博弈更加复杂。从功能角度来看，前者把废弃物作为副产品，主要目的为消除副产品的环境压力和提升资源利用的综合价值；后者是把废弃物作为主要原材料，减少自然原材料投入，从而降低产品成本，提升市场竞争力。从合作的主要对象来看，上游企业间合作范围仅限为副产品或营业外收入，下游企业却可能涉及主产品或主营业务收入。从主从关系来看，围绕废弃物综合开发利用，上游企业产量波动依赖于主产品的市场需求，决策的重心在主产品，废弃物交易往往会选择多种灵活的交易方式，所以在长远合作方面相对被动；而下游企业依赖于废弃物作为原材料，往往主动寻求更加稳固的长期合作，以确保主产品原材料的长期低成本供应。

与上游废弃物供应企业分析类似，下游废弃物加工企业竞争和合作也发生在两个市场中，一个是下游企业的主产品市场，另一个是下游企业废料的供应市场。依据上游企业的市场结构分析的思路，研究下游企业的市场结构及其利益关系，具体类型见表 2-1。

类型一：主副产品市场双边垄断。其包含（Ⅰ，Ⅰ）型、（Ⅱ，Ⅰ）型、（Ⅰ，Ⅱ）型与（Ⅱ，Ⅱ）型。在废料市场，下游废弃物加工企业寻求稳定合作，以确保低成本、稳定地获得生产原材料，同时提供废弃物原材料标准，从而有利于下游企业实现一定的生产规模，设立行业准入门槛阻碍新的加工企业进入回收市场，同时吸引上游废弃物供应企业进入废弃物循环利用网络。产品合作方面，一方面通过废弃物市场获得低成本的原材料，降低生产成本；另一方面通过缩减产量，提高主产品价格，从而双向获取垄断的压榨利润，往往形成单核心的共生网络形式，如广西贵港模式的糖厂。

类型二：主产品市场单边控制型。其包含（Ⅰ，Ⅲ）型、（Ⅰ，Ⅳ）型、（Ⅱ，Ⅲ）型与（Ⅱ，Ⅳ）型。产品市场控制型比较强，生产比较稳定，削减产量对抗原料的不稳定，提高价格，确保产品市场的利润；废弃物交易属于垄断竞争或自由竞争，说明原材料的供应量及价格不稳定，竞争关系比较激烈，下游企业主动寻求企业间的长远合作，以获得稳定的原材料。

类型三：废料市场单边控制型。其包含（Ⅲ，Ⅰ）型、（Ⅲ，Ⅱ）型、（Ⅳ，Ⅰ）型、（Ⅳ，Ⅱ）型。由于产品市场下游企业间竞争激烈，交易成本比较高，趋于均衡利润，现实盈利难以保证，且生产不稳定；而废料市场控制能力比较强，下游企业寻求长远合作的主要动力来源于废弃物合作直接产生利润，同时扩大原料产品规模。

类型四：双边多元竞争型。其包含（Ⅲ，Ⅲ）型、（Ⅲ，Ⅳ）型、（Ⅳ，Ⅲ）型与（Ⅳ，Ⅳ）型。下游企业原料市场与产品市场竞争都比较激烈，产品市场与原料市场的利益都难以保证，企业间长远合作的动机下降，随机市场交易成为主要交易手段。从关联关系来看，废料市场竞争激烈，均衡产量会高，意味着需要更多废弃物；废弃物价格下降，促进产品市场的大量废料需求，导致产品市场竞争日趋激烈。

第二节 工业废弃物循环利用网络企业间横向利益关系均衡

工业废弃物循环网利用网络中横向利益关系主要体现为成员企业间竞争与合作行动策略带来的利益关系变化，对于工业废弃物循环利用网络中横向关系主要探讨废弃物供应企业间的利益关系和废弃物回收加工企业间的利益关系。

一、废弃物供应企业间的横向利益关系均衡分析

工业废弃物循环利用网络中的废弃物供应企业间的合作与竞争所形成收益与风险的关系，本书采用纳什均衡的分析思路，分析多个废弃物供应企业面向同一废弃物市场的竞合决策，以及不同决策带来的收益及风险。

1. 废弃物供应企业间横向利益关系模型

由第一节中市场结构分析得知，横向的市场结构受不同的竞争形势影响，主副产品互动会影响到上游企业废弃物供应的价格及产量，同时废弃物资源化受技术、产业链等因素的影响。本书采用成本收益的分析思路，分析多个上游废弃物供应企业面向同一市场供应同类废弃物作为下游企业的原材料，每个企业都追求利润最大化，影响企业利润的主要因素为废弃物的供应量、废弃物转变为商品的加工成本、加工废弃物的初始投资以及废弃物的价格。基本假设为：

假设1：企业是理性，并追求利润的最大化；

假设2：废弃物同质；

假设 3：不同企业处理及加工废弃物的成本一致。

据此建立利益模型如下：

$$Max\pi_i = (p-c_i)Q_i - I_i$$

$$s.t.: \quad p = p(Q) = a - bQ$$

$$Q = \sum Q_i$$

$$Q_i \leq L_i(i = 1, 2, \cdots, n)$$

其中，π_i 为 i 企业经营的废弃物净收益，p 为废弃物市场价格，c_i 为 i 企业加工废弃物的单位变动成本，I_i 为 i 企业加工废弃物初始的固定投资，n 为废弃物供应制造企业数量，Q 为总产量，L_i 为 i 企业废弃物的最大产能。

显然，不难得出，上述多目标非线性规划的最优解为：

$$p_o = \frac{a + \sum c_i}{n + 1}$$

$$Q_{oi} = \frac{p_o - c_i}{b}$$

显然，上述计算结果为企业最优的产量和价格，由于最优产量和价格与初始的固定投资没有关系，为此将初始投资和利润合并，成为边际收益，文中简称为收益，其计算结果为：

$$\pi_i = \frac{\left[\dfrac{a + \sum c_i}{n + 1} - c_i\right]^2}{b} \tag{2-1}$$

从式（2-1）可以看出企业之间的产销量及收益主要受单位变动成本的影响，而影响单位变动成本的关键因素为废弃物处理的技术水平，当技术工艺比较成熟，单位变动成本较低，企业的利润空间增加。如果企业的技术水平相当，废弃物质量相似，实际的收益水平会趋于一致。

2. 收益比较

为了便于分析，又不失一般性，假定市场上只有 A、B 两家废弃物供应企业，且废弃物具有同质性，得出竞争的最佳点为：

$$p_o = \frac{a + 2c}{3}$$

$$Q_{oA} = Q_{oB} = \frac{a-c}{3b}$$

其最佳收益为：

$$\pi_{oA} = \pi_{oB} = \frac{(a-c)^2}{9b} \tag{2-2}$$

从式（2-2）可以看出，以单个企业利益最大化为目标，企业间的收益相同，产量及价格一致，为此，根据李森、杨锡怀和戚桂清（2005）文献，由于两个企业废弃物加工的条件相当，产量和价格策略相同，策略调整为从各自的最优变为整体的最优，其单目标非线性模型如下[①]：

$$Max \ (2\pi_i) = 2Q_i(p-c)$$

$$s.t.: \quad p = a-2bQ_i$$

$$Q_i \leqslant L_i(i=A,B)$$

不难得出：

$$Q_{oA} = Q_{oB} = \frac{a-c}{4b}$$

$$p_o = \frac{a+c}{2}$$

$$\pi_{oA} = \pi_{oB} = \frac{(a-c)^2}{8b}$$

可以清晰地看出，成员企业的合作策略优于竞争策略，废弃物市场供应量减少了，废弃物的价格提升了，收益增加了。当然，现实情况是，由于制造企业中的废弃物是副产品，其具有伴生性特点，废弃物的数量主要由主产品需求量决定，为此，从总体来看，废弃物的产量不会由于废弃物收益而变化，竞争主要手段就是废弃物的技术处理成本和价格机制，在废弃物处理的技术比较成熟的情况下，联合定价就成为企业之间的主要合作手段。因此，相比传统的古诺模型，由于副产品产量既定，竞争与合作的博弈策略更加简单，同类型的废弃物供应企业更加趋于市场合作；对于单个企业，废弃物的市场供应量可以根据市场变化、库存成本及废弃物自然属性等而有效缩放调节。

---

① 李森，杨锡怀，戚桂清. 相同企业竞争策略与合作策略的收益与风险分析 [J]. 东北大学学报，2005（9）：907-919.

二、废弃物回收加工企业间的横向利益关系均衡分析

1. 废弃物回收加工处理模式

根据废弃物的处理路径，分为企业内部循环利用模式、废弃物资源化模式、交易—回收废弃物模式。企业内部循环利用模式主要充分利用企业内部资源，采用清洁生产的技术，企业内部产生的废弃物直接投入再生产过程，进行持续的使用，如企业金属冶炼过程中的废液及废杂直接重新进入熔炉的冶炼过程。废弃物资源化模式是上游企业制造的废弃物直接作为下游加工商原材料使用到生产过程中或专营废弃物再加工的回收型企业直接加工为产品。交易—回收废弃物模式为回收商专营回收废弃物，回收后经过多次市场交易实现废弃物的处理或资源化。废弃物处理模式见图2-2。

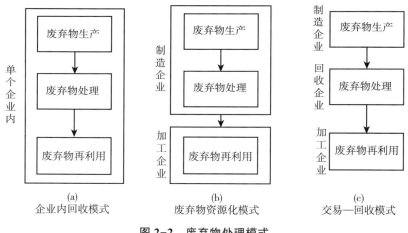

图 2-2　废弃物处理模式

从工业废弃物循环利用网络的角度，本书主要研究废弃物资源化模式与交易—回收模式中加工商之间的竞争。依据付小勇、朱庆华和窦一杰（2012）[①]文献，本书把加工商的竞争分为直接竞争模式、间接竞争模式及混合竞争模式，直接竞争模式是两个或多个废弃物加工商都是废弃物资源化模式下的竞

[①]　付小勇，朱庆华，窦一杰. 回收竞争的逆向供应链回收渠道的演化博弈分析 [J]. 运筹与管理，2012（4）：41-51.

争；间接竞争模式为两个或多个废弃物加工商都为交易—回收模式；混合竞争为部分加工商为废弃物资源化模式，部分竞争者为交易—回收模式。以两个废弃物加工商为例的竞争模式见图2-3。

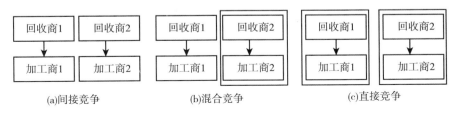

图2-3　废弃物加工商的竞争模式

2. 废弃物加工企业间横向利益关系模型

为了便于分析，又不失一般性，本书分析三种模式下，废弃物加工商之间的利益关系的变化，在付小勇、朱庆华和窦一杰（2012）建模思路基础上，突破其废弃物加工后单位收益固定的假定，考虑废弃物加工后的收益受主产品市场及废弃物属性的影响，引入废弃物增值系数指标及政府对废弃物加工商的补贴，对三种模式下废弃物加工商利益关系变化进行研究。假定只有两种废弃物加工商，不同回收商面临废弃物市场价格有差异，回收商面临的需求函数为：

$$Q_i = \alpha + hp_i - \beta p_j, \quad (i=1, 2; j=3-i)$$

p_i 为回收商 i 的价格，p_j 为竞争者回收价格，β 为竞争者对回收商价格的影响系数，h 为价格对需求的敏感系数，且 $0<\beta<h<1$。

则间接渠道竞争的回收商利润函数为：

$$\pi_{Ri} = (w_i - p_i) Q_i \tag{2-3}$$

下游废弃物处理商的利润函数为：

$$\pi_{Mi} = (kp_i - w_i - c_i + \tau) Q_i$$

直接渠道竞争模式下：

$$\pi_{MRi} = (kp_i - p_i - c_i + \tau) Q_i \tag{2-4}$$

其中，w_i 为加工处理商从回收商购买的价格，w_j 为加工处理商的竞争者从回收商购买的价格，c_i 为加工商的单位处理成本，kp_i 为废弃物加工处理后的单位收益，其中 k 为增值系数，τ 为政府对废弃物加工商的补贴。

（1）废弃物加工商间接渠道竞争模式。两个加工商都采用间接渠道模式，从回收商购买废弃物，依据实际情况，假定加工商为废料市场单边控制型，可以根据回收商的价格进行价格自主决策，加工商及回收商利益决策模型如下：

$$\text{Max}_{\pi_{Mi}} = (kp_i - w_i - c_i + \tau)Q_i \tag{2-5}$$

$$\text{Max}_{\pi_{Ri}} = (w_i - p_i)Q_i \tag{2-6}$$

加工商依据斯塔克博格的领导者收益最大化的竞争原则，用逆向归纳法求解，实现竞争均衡的参数为：

$$p_i = \frac{h(w_j - \tau) + 4kh^3(w_j - \tau) - k\alpha(\beta + 2h)}{k(4h^2 - \beta^2)} \tag{2-7}$$

$$Q_i = \frac{h^2(w_j - \tau)(1 - 4\beta kh) + h(w_j - \tau)(4kh^3 - \beta) + kh\alpha(\beta + 2h)}{k(4h^2 - \beta^2)} \tag{2-8}$$

$$w_i = \frac{\alpha(2h + \beta)(kh\beta^2 - 4h^3 + h\beta^2) - (2h^3 - h\beta^2)(\tau + c_i)}{(2kh^2 - 4h^2 + \beta^2)(2h\beta^2 - 4h^3) - (4h^4\beta - kh^2\beta^3 - h^2\beta^3)} \tag{2-9}$$

（2）废弃物加工企业混合渠道竞争模式。在此模式中，第一种方式加工商通过回收商进行回收；第二种方式为直接处理渠道，即加工商自己回收并处理，建立决策模型如下：

$$\text{Max}_{\pi_{M1}} = (kp_1 - w_1 - c_1 + \tau)Q_1$$

$$\text{Max}_{\pi_{R1}} = (w_1 - p_1)Q_1$$

$$\text{Max}_{\pi_{M2}} = (kp_2 - w_2 - c_2 + \tau)Q_2$$

综合上述模型，得出结果如下：

$$p_1 = \frac{(1 - k)(2h^2 w_1 - 2h\alpha - \alpha\beta) + h\beta(\tau - c_2)}{(4h^2 - \beta^2)(1 - k)} \tag{2-10}$$

$$w_1 = \frac{(2h^2 - \beta^2)(\tau + k) + h\beta(\tau - c_2) - \alpha(1 - k)(2h + \beta)}{2(1 - k)(2h^2 - \beta^2)} \tag{2-11}$$

$$p_2 = \frac{2h^2(\tau - c_2) - (1 - k)(2h\alpha - hw_1 + \alpha)}{(4h^2 - \beta^2)(1 - k)} \tag{2-12}$$

$$Q_1 = \frac{\beta^2 h(\tau - c_2) + (1 - k)(-2h^3 w_1 - 2h^2\alpha - \alpha\beta h - w_1\beta h - \alpha\beta + \alpha\beta^2)}{(4h^3 - \beta^2)(k - 1)} \tag{2-13}$$

$$Q_2 = \frac{h(\tau-c_2)(2h^2+\beta^2)+(k-1)(-2h^2\alpha-h^2w_1+2\beta h^2w_1-2\alpha\beta h+\alpha h+\alpha\beta-\alpha\beta^2)}{(4h^3-\beta^2)(k-1)}$$

$$(2-14)$$

（3）直接渠道竞争模式。该模式两个废弃物加工企业都直接回收废弃物并自己处理，以废弃物作为原材料或直接加工翻新变成商品，建立决策模式如下：

$$\mathrm{Max}\pi_{Mi} = (kp_i-w_i-c_i+\tau)Q_i \tag{2-15}$$

加工商的最优回收价格及回收量如下：

$$p_i = \frac{ht(k-1)(2h-\beta)-h(k-1)(2hc_i-\beta c_j)-\alpha(k-1)^2(2h+\beta)}{4(k-1)^2h^2-(k-1)^2\beta^2} \tag{2-16}$$

$$Q_i = \frac{ht(\beta^2+h\beta-2h^2)+h\alpha(k-1)(2h+\beta)+h\left[(2h^2-\beta^2)c_i+h\beta c_j\right]}{(k-1)(4h^2-\beta^2)} \tag{2-17}$$

3. 模型讨论

（1）废弃物处理量分析。如上文所述，废弃物具有增值价值，同时 k 值也一定程度反映企业主产品的市场竞争情况，当加工商把废弃物转换成产品后，市场控制能力强，k 值变大，反之亦然。当 k>1 时，$Q_{直接渠道} > Q_{混合渠道} > Q_{间接渠道}$，即加工商选择直接竞争模式处理废弃物总量最大，其次为混合竞争模式，间接竞争模式废弃物处理量最小，说明在增值系数比较大情况下，废弃物循环利用网络中下游加工商趋向于后向一体化，换言之，废弃物加工商倾向于与回收商、供应商进行长期合作，获取更大原材料价值；当 0<k≤1 时，废弃物具有残值价值，但不具有增值价值，废弃物加工企业与回收商分享废弃物残值与政府补贴，回收商参与回收的积极性取决于加工商的利益分配；当 k=0 时，废弃物无处理价值，废弃物处理商与回收商共同分享政府补贴。

（2）废弃物回收价格分析。当 k>1 时，$p_{直接渠道} > p_{混合渠道} > p_{间接渠道}$，即直接渠道竞争加工商回收价格最高，混合渠道竞争购买的价格次之，间接渠道竞争加工商收购废弃物的价格最低，说明与供应商长期合作以后，加工商容易受到上游废弃物供应商的制约，但相比零散的回收商，加工商具有较大的价格决定权。从网络角度看，需要大力培养中介废弃物流通机构，提供网络柔性。当 k≤1 时，废弃物回收的价格，取决于政府补贴的力度及废弃物残值的大小。

（3）加工商竞争程度分析。当 β 比较大时，即竞争程度较高，加工商选择产业链的前向延伸或寻求稳定的合作；当 β 比较小时，即竞争程度较低，加工商倾向于选择间接渠道进行合作。

第三节　工业废弃物循环利用网络企业间纵向利益关系均衡

工业废弃物循环利用网络中成员企业间纵向关系主要表现在产业链关系上，产业链中相关企业之间的相互作用、关系和结构必然影响到企业间的利益关系，利益关系以废弃物为竞合纽带，不同的资源依赖关系导致利益关系的演变。循环网络中完整的纵向关系包括了从产品生产的原材料的开采到产品的生产运输直至产品销售的组织内部关系，其中最主要的为上游废弃物供应企业与下游废弃物处理企业之间的关系。

一、废弃物供应企业与废弃物加工企业的纵向利益平衡机制

成员企业其经济行为如何，首先考虑的是由此而带来的收益及为此而付出的成本。如果收益大于成本，它就会按循环经济的原则行事，就会主动与其他企业确立共生和代谢关系；反之，如果收益小于成本，就不会遵循循环经济的原则。事实上，著名的卡伦堡共生体系就是在商业的基础上逐步形成的，所有企业都从中获得了好处。每一种"废料"供货都是伙伴之间独立、私下达成的交易，而且所有的交换都服从于市场规律。这就是说，基于市场规律的利益关系就像"房屋倒在人的头上时重力定律强制地为自己开辟道路一样"，支配着经济主体的经济行为。政府要维护上下游企业的合作的关系，需采用合适的政府激励政策，对废弃物处理的下游企业进行外部补偿，企业把政府的外部补偿内部化，进行合理的决策，企业同时考虑废弃的投资价值及副产品的投资价值以及以之为中心的投资决策。

1. 模型构建

根据循环经济的特点，我们构建如图 2-4 所示的循环经济网络中企业间废弃物循环利用的链接模式。

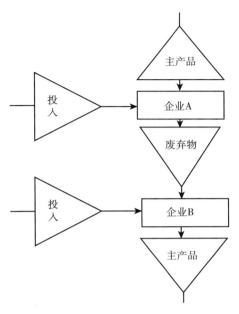

图2-4 上下游成员企业之间废弃物循环利用关系

为了便于分析,对该模式作如下假设:企业A与B组成一个独立的循环经济网络。如果A、B两个企业都采取合作策略,设A、B两个企业相互合作的交易成本为c_0,单位交易成本为$\lambda = \dfrac{c_0}{x}$,其中包括搜寻成本、谈判成本、履约成本、风险成本等,则$A = k_A \cdot c_0$表示企业合作过程中的副产品交易成本,并且A、B两个企业通过谈判确定各自的费用分担比例为$k_A + k_B = 1$,A、B两个企业共同确定副产品价格为p_{AB}。A企业在生产过程中产生的副产品数量为x_{AB},处理自己的副产品以便能将其卖给B企业所付出的处理费用为$w_A \cdot x_{AB}$,A投资为i_A,主产品的收益为$p_A \cdot y_A$;B投资为i_B,主产品的收益为$p_B \cdot y_B$,B企业接受A企业的副产品所带来的政府环保补偿收益为$t \cdot x_{AB}$,自己进行再处理用以进行生产所付出的费用为$w_B \cdot x_{AB}$。因为i_A与x_{AB}作为企业A的生产投入,必然具有一定的匹配关系,设i_A与x_{AB}具有函数关系:$x_{AB} = x_{AB}(i_A)$,根据假设,企业B的生产函数为:$y_B = F_B(i_A, x_{AB}) = F_B(i_A, x_{AB}(i_A)) = F_B(i_A)$满足:$F_B(0) = 0$,$\dfrac{\partial F_B}{\partial i_B} > 0$,$\dfrac{\partial^2 F_B}{\partial i_B^2} < 0$。

对于企业 A，其生产函数为：$y_A = F_A(y_B, i_A)$

满足：$y_B = F_A(y_B, 0)$，$\dfrac{\partial F_A}{\partial i_A} > 0$，$\dfrac{\partial^2 F_A}{\partial i_A{}^2} < 0$，且 $\dfrac{\partial y_A}{\partial i_B} < 0$

$\dfrac{\partial F_A}{\partial i_A} > 0$ 说明，由于企业 B 的生产对企业 A 而言正外部性，因而随着企业 B 产出的增加，企业 A 的产出将增加。所以有：

$$y_A = F_A(y_B, i_A) = F_A(F_B(i_B), i_A) = F_A(i_A, i_B), \quad \frac{\partial F_A}{\partial i_B} > 0, \quad F_A(i_B, 0) = 0$$

假设这两个企业所处的市场环境是完全竞争的，投入要素价格 r_A、r_B 的决定独立于两个企业的产出水平，即视这些价格 r_A、r_B 为给定的常数，则这两个企业的利润函数分别为：

$$\pi_A(i_A, i_B) = y_A \cdot p_A + p_{AB} \cdot x_{AB} - r_A \cdot i_A - k_A \cdot c_0 - w_A \cdot y_A$$

$$\pi_B(i_B) = y_B \cdot p_B - p_{AB} \cdot x_{AB} + x_{AB} \cdot t - r_B \cdot i_B - k_B \cdot c_0 - w_B \cdot y_B$$

2. 利益平衡的条件

从社会的角度看，企业在什么生产水平下达到利益平衡，是以两个企业的共同利润最大化为判断依据，因此利益平衡问题可表示成：

$$\text{Max}_{i_A, i_B} \pi = [(y_A \cdot p_A + y_B \cdot p_B) + x_{AB} \cdot t - (r_A \cdot i_A + r_B \cdot i_B) - (w_A \cdot y_A + w_B \cdot y_B) - c_0]$$

s.t.：$i_A + i_B \leq i$；且 $i_A > 0$，$i_B > 0$

$k_A + k_B = 1$

所以一阶条件由 $\dfrac{\partial \pi}{\partial i_A} = 0$，$\dfrac{\partial \pi}{\partial i_B} = 0$ 给出，即：

$$(p_A - w_A)\frac{\partial F_A}{\partial i_A} = r_A$$

$$(p_A - w_A)\frac{\partial F_A}{\partial i_B} + (p_B - w_B)\frac{\partial F_B}{\partial i_B} + t\frac{\partial x_{AB}(i_B)}{\partial i_B} = r_B$$

假定 r_A、r_B 之间存在数量关系：$r_B = \omega r_A$

则利益平衡的条件为：

$$(p_A - w_A)\frac{\partial F_A}{\partial i_B} + (p_B - w_B)\frac{\partial F_B}{\partial i_B} + t\frac{\partial x_{AB}(i_B)}{\partial i_B} = \omega(p_A - w_A)\frac{\partial F_A}{\partial i_A}$$

在竞争条件下，企业各自所关注的不是共同利润最大化或社会利润最大化，而是各自的私人利润最大化。对企业 A，其最优化问题是：

$$\text{Max}\pi_A(i_A,i_B)=y_A\cdot p_A+p_{AB}\cdot x_{AB}-r_A\cdot i_A-k_A\cdot c_0-w_A\cdot y_A$$

$$\text{s.t.}:\ i_A>0,\ i_B>0$$

最优化的一阶条件为：

$$(p_A-w_A)\frac{\partial F_A}{\partial i_A}=r_A$$

同理对企业 B，其最优化的一阶条件为：

$$(p_B-w_B)\frac{\partial F_B}{\partial i_B}+(t-p_{AB})\frac{\partial x_{AB}(i_B)}{\partial i_B}=r_B$$

$$(p_B-w_B)\frac{\partial F_B}{\partial i_B}+(t-p_{AB})\frac{\partial x_{AB}(i_B)}{\partial i_B}=\omega(p_A-w_A)\frac{\partial F_A}{\partial i_A}$$

所以要实现整体利益最大化和各成员企业利益最大化的条件为：

$$(p_B-w_B)\frac{\partial F_B}{\partial i_B}+(t-p_{AB})\frac{\partial x_{AB}(i_B)}{\partial i_B}=\omega(p_A-w_A)\frac{\partial F_A}{\partial i_A}$$

$$(p_A-w_A)\frac{\partial F_A}{\partial i_B}+(p_B-w_B)\frac{\partial F_B}{\partial i_B}+t\frac{\partial x_{AB}(i_B)}{\partial i_B}=\omega(p_A-w_A)\frac{\partial F_A}{\partial i_A}$$

所以得出在此条件下，成员企业实现了系统最优和各企业最优：

$$\frac{\partial x_{AB}(i_B)}{\partial i_B}p_{AB}=(p_A-w_A)\frac{\partial F_A}{\partial i_B}$$

从中我们可以得出成员企业之间利益平衡条件，说明企业 A 补偿企业 B 的正外部性时，可以实现利益平衡。只要得出合理的投资比例、合理的副产品的协商价格及足够的副产品供应量，上下游企业就能够进行共生合作。至于政府的补偿性激励，如果成员企业不能达成合理的协商价格和合理的废弃物供应量，政府可以采用适当的补贴，来平衡副产品的协商价格及供应量。

二、废弃物供应企业与废弃物加工企业的纵向利益关系演化模型

盈利为企业的天然使命，本书以利益为主线，以上游废弃物供应企业与下游废弃物加工企业为主体，研究上下游企业间纵向利益关系的演变。

1. 演化博弈的基本构架

Lewontin（1960）最早运用演化博弈理论研究生态演化现象[①]，Maynard Smith 和 Price（1973）及 Maynard Smith（1974）在最初演化理论基础上导入了演化均衡分析方法，分析演化稳定策略，至此，该理论在生态学、社会学及经济学等领域被广泛使用[②③]。演化博弈理论从有限理性的个体出发，研究群体行为的演化过程及其结果，个体决策行为受群体动态行为的影响，在动态调整中进行模仿、学习，采用动态复制策略，进行重复博弈，在均衡路径中实现均衡稳定。工业废弃物循环网络中的企业间合作同样具有群体行为特征。为此，本书采用演化博弈分析废弃物供应企业与废弃物加工企业间的纵向利益关系演化。

2. 演化博弈参数假设及收益矩阵

假设工业废弃物循环利用网络中存在大量上游废弃物供应企业与下游废弃物加工企业，市场竞争结构为主副市场多元竞争形式，迫于竞争或环境压力，上下游企业具有纵向合作的动机，其合作的策略集为（合作，不合作），成功的合作行为会促使更多企业进入网络，在群体中形成示范效应，从而扩大网络合作密度。纵向利益关系的演化合作博弈模型的假设前提如下：一是假设企业经营目标是追求自身利益最大化；二是假设技术水平是外生的，在一定时期技术水平恒定；三是工业废弃物具有一定的经济价值；四是为促进企业在区域内进行纵向合作，政府为下游废弃物加工企业提供一定的政府激励；五是废弃物供应企业只提供一种有价废弃物。

上游废弃物供应企业合作表明对废弃物进行处理后供给下游废弃物处理企业，不合作指对废弃物进行处理后直接排放；下游废弃物处理企业合作的行为是对废弃物进行处理，变为资源化的商品，不合作的行为为直接购买自然原材料，不从事资源的循环利用。假设在工业废弃物循环网络中，x 代表上游企业选择合作的比例；y 代表下游企业选择合作的比例；p 代表废弃物的价值，也

① Lewontin, R. C. Evolution and the Theory of Games [J]. Journal of Theoretical Biology, 1960（1）：382-403.

② Maynard Smith, J. and G. R. Price. The Logic of Animal Conflicts [J]. Nature, 1973：15-18.

③ Maynard Smith. The Theory of Games and the Evolution of Animal Conflict [J]. Journal of Theoretical Biology, 1974（47）：9-221.

是废弃物销售的价格；p_0 代表自然原材料的价格，是废弃物作为原材料的替代品；q 代表企业间合作的产量规模，也就是废弃物的供应量；i_1、i_2 代表上下游企业处理废弃物的固定投资；c_1、c_2 代表上下游企业废弃物处理的单位成本，成本的大小受技术供应的影响；r 代表长期契约合作下的租金收益，也就是长期合作后带来的溢出收益；r_1、r_2 代表合作后上下游企业的租金分配，且 $r=r_1+r_2$；∂ 代表交易成本，且 $\partial=\partial_1+\partial_2$，体现合作流畅性、风险及人际因素；合作过程中考虑政策因素的影响，w 代表上游企业直接排放的单位排污费用，即直接排放的处罚成本；τ 代表政府鼓励下游企业进行废弃物处理的补贴。综合上述因素，构造工业废弃物循环利用网络纵向关系合作博弈的收益矩阵如表 2-2 所示[①]。

表 2-2 纵向关系演化博弈的收益矩阵

		下游企业	
		y 合作	1-y 不合作
上游企业	x 合作	$pq+r_1-i_1-c_1q-\partial_1$ $-pq+r_2-i_2-c_2q-\partial_2+\tau q$	$-i_1-wq$ $-p_0q$
	1-x 不合作	$-wq$ $-p_0q-i_2$	$-wq$ $-p_0q$

3. 复制动态及演化稳定策略

根据上述收益矩阵，不难得到上游废弃物供应企业采取合作行为的收益期望值为：

$$U_{1C} = (pq+r_1-i_1-c_1q-\partial_1)y+(-i_1-wq)(1-y) \qquad (2-18)$$

废弃物供应企业采取不合作的期望收益为：

$$U_{1D} = -wq \cdot y+[-wq(1-y)] \qquad (2-19)$$

废弃物提供的上游企业的平均收益为：

① 卢福财，朱文兴. 工业废弃物循环利用中企业合作的演化博弈分析——基于利益驱动的视角 [J]. 江西社会科学，2012（10）：53-59.

$$\overline{U}_1 = xU_{1C} + (1-x)U_{1D} \tag{2-20}$$

依据演化博弈的群体复制效应，进入网络的上游企业比例 x 会随着时间 t 而变化，变化速度由技术水平、企业的综合适应性及企业家综合素质决定，从而依据上述式（2-18）、式（2-19）、式（2-20）构建动态复制的常微分方程如下：

$$\frac{d_x}{d_t} = F(x) = x(U_{1C} - \overline{U}_1) = x(1-x)[(pq+r_1-c_1q-\partial_1+wq)y-i_1] \tag{2-21}$$

同理可得下游废弃物处理企业的合作收益期望值：

$$U_{2C} = (-pq+r_2-i_2-c_2q-\partial_2+\tau q)x+(-p_0q-i_2)(1-x) \tag{2-22}$$

下游废弃物加工处理企业采取不合作的期望收益为：

$$U_{2D} = -p_0q \cdot x+(-p_0q)(1-x) \tag{2-23}$$

下游废弃物加工处理企业的平均收益为：

$$\overline{U}_2 = yU_{2C} + (1-y)U_{2D} \tag{2-24}$$

动态复制的常微分方程：

$$\frac{d_y}{d_t} = F(y) = y(U_{2C} - \overline{U}_2) = y(1-y)[(-pq+r_2-c_2q-\partial_2+\tau q+p_0q)x-i_2] \tag{2-25}$$

由式（2-24）、式（2-28）可以得出上下游企业间的利益关系演化博弈的 5 个局部均衡点，分别为 $(0, 0)$，$\left(\dfrac{i_2}{-pq+r_2-c_2q-\partial_2+\tau q+p_0q}, \dfrac{i_1}{pq+r_1-c_1q-\partial_1+wq}\right)$，$(0, 1)$，$(1, 0)$，$(1, 1)$。

为分析群体动态中均衡点的稳定性，依据演化博弈的分析过程，构造雅克比矩阵如下：

$$J = \begin{bmatrix} (1-2x)[(pq+r_1-c_1q-\partial_1+wq)y-i_1] & x(1-x)(pq+r_1-c_1q-\partial_1+wq) \\ y(1-y)(-pq+r_2-c_2q-\partial_2+\tau q+p_0q) & (1-2y)[(-pq+r_2-c_2q-\partial_2+\tau q+p_0q)x-i_2] \end{bmatrix}$$

显然，企业采取合作策略的前提是从事废弃物经营的利益大于不从事废弃物经营的利益，依据此逻辑，不难得出，上游企业合作收益不小于废弃物的直接排放，所以得到：

$$0 \leqslant pq+r_1-c_1q-\partial_1-i_1+wq$$

对于下游废弃物加工企业，以废弃物作为原材的成本不大于直接购买原材料的成本，所以得出：

$-pq+r_2-c_2q-\partial_2+\tau q+p_0q-i_2\leqslant0$

根据上述条件，不难发现，（0，1）和（1，0）为不稳定点，（0，0）和（1，1）是稳定点，且是演化稳定策略（ESS），也就是说上下游企业间都选择不合作或都选择合作为演化均衡策略，（x_D，y_D）为鞍点，局部稳定性分析结果见表2-3。

表2-3 局部稳定性分析结果

均衡点（x，y）	detJ（符号）	trJ（符号）	结果
（0，0）	$i_1 \cdot i_2$ （+）	$-i_1-i_2$ （−）	ESS
（0，1）	$-i_2(pq+r_1-c_1q-\partial_1+wq-i_1)$ （+）	$-pq-r_1+c_1q+\partial_1-wq+i_1+i_2$ （+）	不稳定
（1，0）	$(-pq+r_2-c_2q-\partial_2+\tau q+p_0q-i_2)i_1$ （+）	$-pq+r_2-c_2q-\partial_2+\tau q+p_0q-i_2+i_1$ （+）	不稳定
（1，1）	$(pq+r_1-c_1q-\partial_1+wq-i_1)\cdot$ $(-pq+r_2-c_2q-\partial_2+\tau q+p_0q-i_2)$ （+）	$q(c_1+c_2-w-\tau-p_0)+\partial-r$ （−）	ESS
$\left(\dfrac{i_2}{-pq+r_2-c_2q-\partial_2+\tau q+p_0q},\right.$ $\left.\dfrac{i_1}{pq+r_1-c_1q-\partial_1+wq}\right)$	无法判断符号	无法判断符号	鞍点

根据雅克比矩阵计算结果，5个局部均衡点构造成纵向关系动态演化过程，详见图2-5。从图中可以看出，折线B—D—A为系统不同状态收敛的临界线，在折线B—D—A上方（ADBC部分）系统将收敛于（1，1），表明上下游企业将趋于全面合作关系；在折线B—D—A下方（ADBO部分）系统将收敛于（0，0），表明上下游企业都选择不合作。合作区域的面积取决于鞍点（D点）位置，区域ADBC面积越大，系统收敛于均衡点C（合作，合作）的可能性也越大。

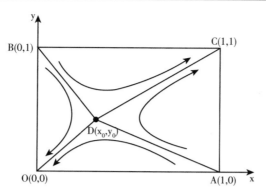

图 2-5　上下游企业间演化过程示意

4. 演化稳定策略的利益影响因素分析

综上可见，纵向关系利益权衡的结果或是全面合作，或是独立经营，合作与否取决于上下游企业合作演化路径。以两个长期均衡结果为演化的方向，以区域 ADBO 面积 S_{ADBO} 和 ADBC 面积 S_{ADBC} 大小作为判断标准，当 $S_{ADBC} > S_{ADBO}$ 时，合作比例大于不合作比例，群体朝着合作的方向演化，网络成员企业的数量增加；当 $S_{ADBC} < S_{ADBO}$ 时，合作比例小于不合作比例，群体朝着独立经营的方向演化，从事循环利用的企业减少；当 $S_{ABDC} = S_{ADBO}$ 时，即合作企业与不合作的企业势均力敌，演化的方向不够明确。

根据图 2-5，不难得出区域 ADBO 的面积如下：

$$S_{ADBO} = x_D y_D + \frac{x_D(1-y_D)}{2} + \frac{y_D(1-x_D)}{2}$$

$$= \frac{1}{2}(x_D + y_D) \tag{2-26}$$

假定其他因素不变的情况下，讨论单一因素变化与面积大小的关系，从而分析不同因素变化对纵向关系的影响。

（1）废弃物供应量 q 的分析。上游企业废弃物的供应量取决于主产品的产量，根据上述分析方法，假定其他因素不变，废弃物的供应量越大，面积越小，表明市场上的废弃物资源充足，合作比例增加。意味下游企业长期合作可以获得稳定有价原料的供应，且可以获得规模效应；对于上游企业合作意味着缓解环境压力，降低排放成本，同时还可能获得一定的副产品收益。

（2）废弃物价格 p 的分析。废弃物价格由废弃物的开发价值及废弃物市场竞争结构决定，显然，废弃物的价格与面积呈倒"U"形关系。在一定范围内，废弃物的价格比较高时，废弃物供应企业趋向于合作，废弃物加工企业趋向于开发副产品；当价格超出一定幅度时，废弃物供应企业趋向于独立开发，独享其价值，废弃物消费企业趋向于购买自然原材料；当废弃物无价值时，甚至为重污染品时，此时价格为负，也就是废弃物供应企业需要支付废弃物处理企业相应的费用，废弃物处理企业得到处理费和政府补贴。

（3）原材料的价格 p_0 的分析。自然原材料与废弃物为一定程度的替代品，原材料 p_0 的价格越高，S_{ADBO} 面积越小，表明合作的比例增加。当有价废弃物的价格小于原材料的价格时，废弃物替代直接原材料的可能性较大，企业间合作比例将大大提升；当废弃物与原材料价格差距比较小时，下游企业趋向于直接购买原材料，企业间趋向于独立经营。

（4）固定投资 i_1 和 i_2 的分析。固定投资为从事废弃物经营需要的前期投入，固定投资越大，S_{ADBO} 面积越大，表明合作可能性越小，反之亦然。从事废弃物经营的门槛较高，具体体现为需要投入大量固定资产、需要一定的技术投入等，显然，投入越大，从事废弃物经营的成本越高，从而限制了上下游企业进入循环网络。从资产的专用性来看，固定投入越高，资产的专用性带来机会主义风险越大，同样会限制企业间的合作。

（5）单位成本 c_1 和 c_2 的分析。单位处理成本主要受企业的工业技术及管理水平的影响，上下游企业的废弃物处理的单位成本越高，表明合作可能性越小。废弃物处理的单位成本越高，表明技术工艺不成熟，废弃物资源化的难度大，经营废弃物利益空间受限，下游企业趋向于购买原材料，上游企业趋向于上交排污费。

（6）租金收益 r_1、r_2、r 和交易成本 ∂、∂_1、∂_2 的分析。租金收益为企业间长期合作获得的溢出收益，具体体现为商业形象提升、社会收益及超额利润等，显然租金收益越高，企业趋向于全面合作。当然，租金分配合理公正会提升合作企业继续合作的信心，反之则会降低合作积极性。交易成本体现在合作的流畅性，受交易环节、人际沟通等因素影响，强化协调会促进合作，交易成本越低，全面合作群体效应越明显，反之亦然。

（7）排污的惩罚 w 和奖励 τ 的分析。政策因素是影响企业间合作的重要因素，排污成本越高，促进上游企业进行合作，政府奖励越大，下游企业进入循环网络的积极性越高。尤其是对经济价值不高的废弃物，政府的激励政策将成为合作的主要因素。

第四节 工业废弃物循环利用网络企业间利益贡献分析

正如本章所述，工业废弃物循环利用网络动态发展具有一定的寿命周期曲线特征，而 Logistic 模型最初用于物种演变及人口的增长，成长曲线具有开始、加速、转折、减速及饱和五个阶段，所以研究者常用来研究企业网络及公司成长。李志波（2012）用 Logistic 模型把循环网络分为三个阶段，并描述了每个阶段的特征①，本书在此基础上，把状态曲线与成长曲线分开，进一步分析网络演变特征，并在基础上结合工业废弃物循环利用网络的组织构架综合研究成员企业的利益关系。

一、工业废弃物循环利用网络不同阶段利益演化分析

1. 模型的构建

依据 Logistic 一般形式，具体成长曲线方程如下：

$$\frac{d_x}{d_t} = rx\left(1 - \frac{x}{N}\right), \quad x(0) = x_0$$

其中，r 为企业加入工业废弃物循环利用网络利益的增长，x 为入网企业整体利益，rx 为工业废弃物循环利用网络整体的发展趋势，x_0 为工业废弃物循环利用网络初始利益，N 为在区域范围内能够达到最大网络利益，（1-x/N）表现为环境与资源对网络成长的阻尼状态。现实 N 和 r 为常数，说明在一定时空范围内，区域内资源、产业总体规模、技术水平等具有一定的约束阈值，网络整体具有一定瓶颈，一旦政策、资源、技术等有重大的变化，N 和 r 的约束上限有可能突破。

---

① 李志波. 循环经济网络形成与演化机制研究 [D]. 江西财经大学硕士学位论文，2012.

求解上述方程，不难得出：

$$x_{(t)} = \frac{N}{1 + \left(\dfrac{N}{x_0} - 1\right)e^{-rt}} \tag{2-27}$$

其中，$x_{(t)}$ 表示网络在不同时段绩效，称为速度方程，表示网络的发展状态及趋势。令 $a = r/N$，$B = N/x_0 - 1$，则方程调整为：

$$dx/dt = ax(N-x)$$

$$x_{(t)} = \frac{N}{1 + Be^{-rt}}$$

假设网络增长速度为正，即 $r>0$，则 $dx/dt>0$；当 $r=0$ 时，$x=N$，网络发展达到极限，由此可以描绘出成长速度曲线见图 2-6 的上半部分。继续对方程求导，得出入网企业整体绩效 x 的加速度方程：

$$d^2x/dt^2 = a^2x(N-x)(N-2x)$$

令 $d^2x/dt^2 = 0$，当 $t^* = \ln B/r$ 时，$dx/dt = rN/4$，状态曲线拐点出现在 $x^* = N/2$ 处，也就是工业废弃物循环网络发展转折点。对方程继续求导得：

$$\frac{d^3x}{dt^3} = a^3x(N-x)\left[N-(3+\sqrt{3})x\right]\left[N-(3-\sqrt{3})x\right] \tag{2-28}$$

令 $d^3x/dt^3 = 0$，得：

$$x_1 = \frac{N}{3+\sqrt{3}}, \quad x_2 = \frac{N}{3-\sqrt{3}}$$

代入状态演化方程中得：

$$t_1 = \frac{\ln B - \ln(2+\sqrt{3})}{r}, \quad t_2 = \frac{\ln B + \ln(2+\sqrt{3})}{r}$$

此时：$\dfrac{dx}{dt}\bigg|_{t=t_1} = \dfrac{dx}{dt}\bigg|_{t=t_2} = \dfrac{rN}{6}$

从上述计算可以看出，成长速度曲线有两个对称拐点 $(t_1, rN/6)$，$(t_2, rN/6)$，根据这两个拐点，得出演化曲线方程的状态分别为：

$$x_1 = \frac{N}{3+\sqrt{3}}, \quad x_2 = \frac{N}{3-\sqrt{3}}$$

当 $t \to \infty$ 时，$x \to N$，$\dfrac{dx}{dt} \to 0$

综合上述推导结果，可以看出在不同阶段的发展速度有差异，但网络始终向前发展，当网络绩效达到 N 时，网络绩效达到最大化。成长速度曲线与状态演化曲线详见图 2-6。

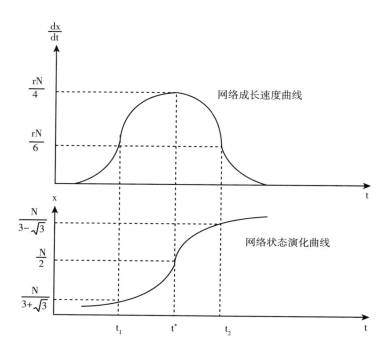

图 2-6 成长速度与状态演化曲线

2. 工业废弃物循环利用网络不同阶段利益分析

根据上述模型的推演结果，依据速度成长曲线和状态演化曲线，本书把网络分为四个阶段，并探讨每个阶段利益特征。

导入阶段（$0<t<t_1$）：在政府推动及企业利益的驱动下，企业间由零散的废弃物市场交易逐步发展到市场交易与长期合作相结合，彼此间业务关联比较单一，生态链不完整，网络密度低，交易成本高。该阶段工业废弃物循环网络缓慢成长，投资风险较大，机会主义及"敲竹杠"行为并存。该阶段成员企业间共同着手完善网络的基础设施，如上游企业依据下游企业需求，投资建设废弃物处理基本设备、厂房及工艺等，下游加工企业依据废弃物的特征，完善相应的废弃物加工基础设施及质量标准。成员企业着手建立合作准则、交易制

度、利润共享标准等，企业间不断校正初始的合作条件，尝试着建立信任关系。

成长阶段（$t_1<t<t^*$）：经过导入阶段初步合作，企业间合作进入快速发展时期，工业废弃物循环利用网络的整体绩效明显提升，企业间信任水平逐步提高，合作的基本制度、准则逐步健全，合作的范围从废弃物循环梯级利用，逐步拓宽到联合共享市场战略和战略规划，网络地理边界快速拓宽，产业链不断延伸，规模经济及范围经济效益大大提升。该阶段需要进一步丰富资源链，完善网络补链及引链的工作，进一步提升合作层次及范围，培育核心企业，完善网络协调机制。

成熟阶段（$t^*<t<t_2$）：该阶段网络功能基本完善，企业间从自主型合作过渡到系统的协同，物质流、信息流、资金流、价值流系统运行流畅，关系资本基本建立，网络整体绩效继续提升，但增长速度放慢，沟通协调成为网络主要治理手段，主体间合作关系稳定，合作日益成熟化、模式化，网络整体优势及溢出效应突出。该阶段主要提高网络的进入门槛，建立成员企业的淘汰机制，提高网络运行柔性。

革新或衰退阶段（$t_2<t$）：该阶段网络特点为一定空间范围内能够承载的企业数量接近最大阈值，网络企业拥挤，受资源及环境容量的限制、核心企业的退出或战略变更、环境标准变化、市场需求的调整及新技术的出现等因素影响，网络整体绩效出现衰退。网络成员合作的嵌入型特点，产生共生链的"锁定效应"限制了企业间资源流动，原有产业链难以为继，致使利益关系破坏、网络整体绩效下降。该阶段需要突破路径依赖的桎梏，对原有的网络结构进行重构，推进网络整体转型升级。

二、工业废弃物循环利用网络成员企业间利益贡献演化分析

王兆华、武春友（2002）通过对丹麦卡伦堡和中国广西贵糖集团生态工业园的介绍，提出自主实体共生模式和复合实体共生模式两种工业生态模式，并对这两种共生模式的运作规律进行了探讨[①]。黄新建、甘永辉（2009）从共

① 王兆华，武春友. 基于工业生态学的工业共生模式比较研究 [J]. 科学学与科学技术管理，2002（2）：66-69.

生关系的行为方式出发研究生态工业园，认为共生关系存在寄生、偏利共生、非对称互惠共生、对称互惠共生四种形式，并认为网络组织模式为平等型、依托型和嵌入型共生网络；从组织程度出发，认为共生关系存在点共生、间歇共生、连续共生和一体化共生四种状态①。苏敬勤、习晓纯（2009）采用 Logistic 模型分析了自主实体共生与复合实体共生的稳定性。李志波（2012）采用 Logistic 模型分析成员企业关系②。本书在上述研究的基础上，继续采用 Logistic 模型，从利益关系与组织演化角度进行研究。

1. 平等型共生网络利益关系模型

平等型网络主体地位对等，不依附于其他企业可以独立存在，互相之间具有一定的影响，共生成长符合 Logistic 规律，故本书延续前文研究思路，继续采用 Logistic 研究工业废弃物循环利益网络企业间利益贡献。

假设工业废弃物循环利用网络内仅存在两家企业，它们通过废弃物循环建立共生关系，建立 Logistic 模型如下：

$$\frac{dx_1(t)}{dt} = r_1 x_1 \left(1 - \frac{x_1}{N_1} + \sigma_1 \frac{x_2}{N_2} \right) \tag{2-29}$$

$$\frac{dx_2(t)}{dt} = r_2 x_2 \left(1 - \frac{x_2}{N_2} + \sigma_2 \frac{x_1}{N_1} \right) \tag{2-30}$$

其中，$x_1(t)$、$x_2(t)$ 分别为工业废弃物循环利用网络中 A、B 的资源绩效，r_1、r_2 为它们的绩效成长速度，N_1、N_2 分别为 A、B 企业资源绩效的最大值。σ_1 表示 B 企业对 A 企业利益贡献系数，σ_2 表示 A 企业对 B 企业利益贡献系数。

求解上述方程组，解的平衡点为：

$$P\left(\frac{N_1(1+\sigma_1)}{1-\sigma_1\sigma_2}, \frac{N_2(\sigma_2+1)}{1-\sigma_1\sigma_2} \right) \tag{2-31}$$

根据微分方程稳定性理论，可计算出稳定性条件为：

$$\sigma_1 < 1, \quad \sigma_2 < 1$$

进一步解微分方程，计算可以得出：

$$\sigma_1 = N_2(N_1-x_1)/N_1 x_2 \qquad \sigma_2 = N_1(N_2-x_2)/N_2 x_1 \tag{2-32}$$

根据上述分析结果可以看出：平等型网络企业间的利益产出贡献不能太

---

① 黄新建，甘永辉. 工业园循环经济发展研究［M］. 中国社会科学出版社，2009.
② 李志波. 循环经济网络形成与演化机制研究［D］. 江西财经大学硕士学位论文，2012.

大，维持企业间资源互补与均衡，保持利益均衡对等是网络长期合作的重要砝码，一旦网络中某企业经营不善或经营出现质的飞跃，都有可能导致网络瓦解。

2. 依托型共生网络利益关系模型

依托型共生网络是指存在一家或几家核心企业，中小型企业依托核心企业的废弃物供应或废弃物处理，如果没有核心企业，中小型企业不能独立生存，换言之，中小企业的绩效逐步下降并趋近于无限小。

与上文假设类似，建立 Logistic 模型：

$$\begin{cases} \dfrac{dx_1(t)}{dt} = r_1 x_1 \left(1 - \dfrac{x_1}{N_1} + \sigma_1 \dfrac{x_2}{N_2}\right) \\ \dfrac{dx_2(t)}{dt} = r_2 x_2 \left(-1 + \sigma_2 \dfrac{x_1}{N_1} - \dfrac{x_2}{N_2}\right) \end{cases} \qquad (2-33)$$

用 σ_2 表示核心企业对中小企业利益贡献系数，显然，在 $\sigma_2 x_1 / N_1 > 1$ 条件下中小企业利益才会有所提升。

与上文计算相似，得出稳定点：

$$P\left(\frac{N_1(1-\sigma_1)}{1-\sigma_1\sigma_2}, \frac{N_2(\sigma_2-1)}{1-\sigma_1\sigma_2}\right) \qquad (2-34)$$

继而计算出核心企业及中小企业的利益条件：

$$\frac{N_1(1-\sigma_1)}{1-\sigma_1\sigma_2} > 0 \text{ 和} \frac{N_2(\sigma_2-1)}{1-\sigma_1\sigma_2} > 0$$

据此推算出共生合作的稳定条件为：

$$\sigma_1 < 1, \ \sigma_2 > 1, \ \sigma_1\sigma_2 < 1 \qquad (2-35)$$

其中：

$$\sigma_1 = N_2(N_1 - x_1)/N_1 x_2 \qquad \sigma_2 = N_1(N_2 + x_2)/N_2 x_1 \qquad (2-36)$$

$\sigma_1 < 1$，意味着中小企业对核心企业利益贡献比较小。

$\sigma_2 > 1$，意味着核心企业对中小企业利益贡献比较大。现实中，除核心企业占有资源比重比较高外，还会提供技术支持及品牌等溢出效应。

$\sigma_1\sigma_2 < 1$，意味着 σ_1 较小，σ_2 较大，对于中小企业来说，若它对核心企业贡献比较大，就可能独立或成为以自身为中心的依托型共生网络，网络的演变就从单核心变为多核心型循环网络；反之，当核心企业资源分散化，依托型共

生网络就会向平等型网络转化。

3. 网络成员企业间利益贡献及演变模型讨论

综合平等型和依托型共生网络的分析结果，得出 A、B 两家企业对应利益贡献情形见表 2-4。

表 2-4 A、B 企业共生情况利益贡献

		企业 B		
		正贡献	中性贡献	负贡献
企业 A	正贡献	$\sigma_1>0$ $\sigma_2>0$	$\sigma_1>0$ $\sigma_2=0$	$\sigma_1>0$ $\sigma_2<0$
	中性贡献	$\sigma_1=0$ $\sigma_2>0$	$\sigma_1=0$ $\sigma_2=0$	$\sigma_1=0$ $\sigma_2<0$
	负贡献	$\sigma_1<0$ $\sigma_2>0$	$\sigma_1<0$ $\sigma_2=0$	$\sigma_1<0$ $\sigma_2<0$

从表 2-4 可以看出，当 $\sigma_1>0$，$\sigma_2>0$ 时，企业间属于互惠共生模式，若 σ_1 与 σ_2 相等时，属于对称式互惠模式，反之，若 σ_1 与 σ_2 不相等时，属于非对称互惠模式；当 $\sigma_1=0$ 且 $\sigma_2>0$，或 $\sigma_1=0$ 且 $\sigma_2<0$ 时，属于偏利共生模式；当 $\sigma_1<0$ 且 $\sigma_2>0$，或 $\sigma_1>0$ 且 $\sigma_2<0$ 时，属于寄生模式。综合上述分析结果，得出 A、B 两家企业利益贡献作用见表 2-5。

表 2-5 A、B 企业利益贡献作用

		企业 B		
		正贡献	中性贡献	负贡献
企业 A	正贡献	双向正贡献 （互惠共生）	单项正贡献 （外惠共生）	反抗正向贡献 （寄生）
	中性贡献	单项正贡献 （外惠共生）	贡献中性	单向负贡献
	负贡献	反抗正向贡献 （寄生）	单向负贡献	双向负贡献

由表2-5可以看出，双向正贡献表明成员企业间为互促关系，一个企业的经营对另一个企业具有正向激励的作用，反之亦然；单项正贡献表明一个企业的经营对另一个企业具有正向激励的作用，另一个企业对该企业无影响；贡献中性说明两个企业相对独立，互相没有影响；反抗正向贡献为一个企业以另一个企业为寄生，并对另一个企业产生负面影响；单向负贡献是一个企业经营发展对另一个企业产生负面影响，另一个企业经营发展对该企业无影响；双向负贡献企业间彼此互相排斥，彼此间互相负激励。

本书继续研究工业废弃物循环利用网络共生演进的机制及其发展路径，在共生系统的背景下，依据利益行为驱动组织模式变迁、组织行为导致结构调整的研究思路，通过分析工业废弃物循环利用网络的存在形态，采用利益模式、组织模式、网络结构共生方式探索企业间网络形态演进路径。依据黄新建等（2009）从组织程度出发，认为共生关系存在点共生、间歇共生、连续共生和一体化共生四种状态[①]，具体演化见表2-6。

表2-6 网络演化组合

利益模式 ＼ 组织模式	点共生 (O_1)	间歇共生 (O_2)	连续共生 (O_3)	一体化共生 (O_4)
寄生（R_1）	RO_{11}	RO_{12}	RO_{13}	RO_{14}
偏利共生（R_2）	RO_{21}	RO_{22}	RO_{23}	RO_{24}
非对称互惠（R_3）	RO_{31}	RO_{32}	RO_{33}	RO_{34}
对称互惠（R_4）	RO_{41}	RO_{42}	RO_{43}	RO_{44}

表2-6中，R表示收益向量，O表示组织向量，数字从低到高表示利益模式与组织从初级阶段到高级阶段的发展。依据黄新建（2009）文献，组织模式是从点共生到一体化方向演化，表明企业间合作的深度和强度逐步升级；利益模式是从寄生向对称互惠方向发展，表明企业间利益关系趋于稳定，利益分配逐步均衡。从表2-6可以看出利益关系驱动组织模式发生变化，组织模式的变化致使网络结构发生变化，显然，RO_{11}为最初级网络形态，对网络演进的

[①] 黄新建，甘永辉. 工业园循环经济发展研究［M］. 中国社会科学出版社，2009.

驱动力量比较小，RO_{44}为最高级共生形态，对工业废弃物循环利用网络具有最强的推动作用。

本章小结

本章主要对工业废弃物循环利用网络利益及利益关系进行研究。采用演绎与归纳方法综合研究企业间纵横向关系的市场结构，分析了影响网络演变的主要因素。研究了工业废弃物循环利用网络中横向利益关系中主产品市场与副产品（废料）市场的联动性，分析了从事废弃物供应的上游企业和从事废弃物加工的下游企业间利益关系。废弃物供应企业围绕废弃物综合开发利用，废弃物供应规模依赖于主产品的市场需求，决策重心往往在主产品，副产品交易目的为消除副产品环境压力和提升资源综合利用价值。根据主副产品竞争形态，存在16种组合的市场结构，把16种市场竞争结构分为4种类型。相比较上游企业间的竞合关系，下游企业间的收益博弈更加复杂，把废弃物作为主要原材料，减少自然原材料的投入，往往主动寻求更加稳固的长期合作，以确保主产品原材料的长期低成本供应。纵向关系中上下游企业利益互为影响且共生演变路径多样化，工业废弃物循环利用网络呈现周期性变化，且利益驱动组织模式变化，组织模式的变化进一步驱动网络结构的变化。网络呈现Logistic成长及演化状态，具有明显的四个阶段特征，每个阶段的演变路径非常清晰。采用Logistic模型分析平等型及依托型共生网络利益贡献，进而研究工业废弃物循环利用网络共生演进的机制及其发展路径。

第三章 工业废弃物循环利用网络利益影响因素

从第二章可以看出工业废弃物循环利用网络企业间利益关系受关键因素的影响，本章在第二章基础上，对影响利益的关键因素进行拓展延伸，并以鄱阳湖生态经济区内企业为样本，采用因子分析进一步探索工业废弃物循环利用网络的利益影响因素，且对关键影响因素指标约束范围进行研究。

第一节 工业废弃物循环利用网络利益影响因素

本书认为工业废弃物循环利用网络中狭义的利益主要指经济利益，具体表现为产品或加工服务利益、政府的补偿利益、合作租金收益等直接经济利益。除此之外的其他非直接经济利益都会通过一定的利益传导机制转化为直接的经济利益。为此，本节全面地分析直接经济利益及其他相关利益影响因素。

一、政府支持

工业废弃物循环利用网络作为资源综合利用的一种组织形式，需要政府提供相应支持，政府支持通过外部收益内部化或外部成本内部化形式对企业利益产生影响。传统经济学把生态环境变量作为工业系统的外生变量，虽然产业共生把生态系统纳入工业系统中，生态外部性及排他性导致 X 效率产生，仅仅依靠市场调节往往导致资源过度开发；废弃物投资往往存在投资周期长、资金回报率低的特点，仅仅依靠企业自发进入该领域，网络成长速度慢；成员企业进入循环网络，往往选择价值比较高的环节从事经营，而增值能力比较弱的环节企业很少问津，最终导致闭环网络难以形成。为此，需要政府对市场效率、企业成本收益进行调节，降低企业合作障碍，提供基础设施保障，提高企业参与废弃物循环的积极性。Mirata M（2004）和 Pratima Bansal 与 Brent Mcknight（2009）认为共生网络受环境相关法律规定及财政因素影响①②。一方面，为减轻生态环境压力，促进工业废弃物循环利用，政府出台了一系列经济激励措施，如税收优惠、环保补贴、无息贷款等，这些激励措施通过外部收益内部化转化为直接收益。另一方面，政府对污染物严格控制，建立资源综合利用标准，采用罚款收费等经济惩罚手段，以及非经济性处罚，如停产、吊销执照、撤职等行政手段提高企业末端治理成本，迫使企业进入循环网络。苏敬勤、习晓纯（2009）创建政府支持的 6 个量表，具有较好的效度和信度。这 6 个量表具体为：保持地方企业社会形象；银行贷款支持；税收减免优惠支持；地方财政项目性资金支持；政府行政手段支持；企业经营面临的法律支持。

二、环境压力

随着环境治理效果越来越受到局限，资源供给越来越紧缺，环境自净能力越来越低下，面对日益严峻的环保形势，各国都提高了环境管制标准，对于废弃物排放从量从价进行限制。量的限制主要体现为废弃物排放数量，尤其是危险、重污染废弃物量的限制，迫使企业进行废弃物处理，延长产业链，进行企业间合作，否则一旦废弃物超标排放，面临关停企业风险。价的限制一方面体现在末端治理的成本越来越高，甚至超出了清洁生产及内部循环成本，倒逼企业打破了原来"先发展后治理，边污染边治理"的老路，迫使产业升级转型；另一方面直接排污成本越来越高，传统排污成本小于内部处理成本的状况越来越少，企业进入网络是企业降低治污费用的需要。随着居民环保意识的增强，周边居民对环境维权的主动性提高，给企业带来巨大舆论压力。环境问题日益被各国政府所重视，并制定了相应的法律法规，面对越来越严格的环境法规和

① Mirata M. Experiences from Early Stages of a National Industrial Symbiosis Programme in the UK：Determinants and Coordination Challenges［J］. Journal of Cleaner Production，2004（12）：967-983.

② Pratima Bansal，Brent Mcknight. Looking Forward，Pushing Back and Peering Sideways：Analyzing the Sustainability of Industrial Symbiosis［J］. Journal of Supply Chain Management，2009，45（4）：26-37.

政策压力，寻求建立副产品交换系统，是企业最为经济和可行的途径。苏敬勤、习晓纯（2009）从环境保护的角度，构建了三个影响废弃物共生的因素：治污费用的压力；废弃物排放的压力；企业周围居民环境要求。

三、地理条件及基础设施

基础设计条件会直接影响企业生产及交易成本。Gibbs D.（2003）、Heeres R. R 等（2004）、Desrochers（2004）认为影响循环网络建设的基础条件主要为物质基础设施，如管道、交通、厂房密度适当的地理尺度等[1][2][3]，这些因素都直接对物流成本、采购成本、公共设施使用成本等造成影响。Pierre Desrochers（2002）和 Weslynne Ashton（2008）认为区域的劳动力、土地、能源、自然资源等要素成本、邻近的市场和原材料分布、相关产业和机构等因素会直接或间接地影响网络的合作成本[4][5]。共生企业更愿意选择与本地企业合作，而不是邻居（Malmberg A，1997）[6]。为此，本书归纳了两个影响工业废弃物循环利用网络发展的因素：空间距离的相近；基础设施的完备性。

四、循环链因素

从产业链纵向关系的角度来看，上下游企业之间价格与非价格的控制决定了不同企业的利益关系，而价格及利益控制权来源于上下游产业各自市场势力的变化。工业废弃物循环利用网络成员企业虽然有可能处于不同产业，但在主产品与副产品市场中讨价还价的能力决定网络租金分配。而市场势力变化来自

①　Gibbs D. Trust and Networking in Inter-firm Relations：the Case of Eco-Industrial Development ［J］. Local Economy，2003，18（3）：222-236.

②　Heeres R. R，W. J. V. Vermeulen，F. B. de Walle. Eco-Industrial Park Initiatives in the USA and the Netherlands：First Lessons ［J］. Journal of Cleaner Production，2004（12）：985-995.

③　Desrochers P. Industrial Symbiosis：the Case for Market Coordination ［J］. Journal of Cleaner Production，2004（12）：1099-1110.

④　Pierre Desrochers，Cities and Industrial Symbiosis：Some Historical Perspectives and Policy Implications ［J］. Journal of Industrial Ecology，2002，5（4）：29-44.

⑤　Weslynne Ashton. Understanding the Organization of Industrial，Ecosystems：A Social Network Approach，Journal of Industrial Ecology，2008，12（1）：34-51.

⑥　Malmberg A. Industrial Geography：Location and Learning. Progress in Human Geography，1997，21（4）：573-582.

于不同的市场竞争结构。完全垄断、寡头垄断、垄断竞争、完全自由竞争不同市场结构整体构造出纵向与横向竞合关系。当上下游企业都是垄断情况，对产出的限制达到最大；如果两个企业都面临竞争性市场，每个企业都按其边际成本对其产出定价；如果两个企业一个面临竞争性市场，另一个具有垄断优势，垄断企业就能间接地行使垄断力量，并因此获得垄断利润。

上下游企业间合作链因素。从合作纽带来看，成员企业间主要纽带为产权、契约和关系。成员企业间通过产权连接，合作形式紧密，网络协调主要通过命令方式，合作刚性强，存在利益交叉补贴，企业内冲突较少，但网络缺乏弹性。以契约或关系作为企业间合作纽带，相比产权合作更具有柔性，但容易产生机会主义行为，合作稳定性低于产权合作。从要素角度来看，企业节点间的距离、信息传播速度、合作链稳固性（Teresa Doménech，Michael Davies，2011）[1]、主要投入、网络结构等要素都会影响网络的形成和演进（Weslynne S. Ashton，2009）[2]。

废弃物价值、利用难度和用途等属性决定投资的价值和成本。废弃物的价值在实际运作中表现为两个方面，一方面为下游企业支付给上游企业原材料购买的费用，另一方面表现为上游企业支付给下游企业废弃物处理的服务费。Chertow（2007）认为要根据地方和行业标准，选择废弃物最佳去向及用处[3]。即投资于废弃物加工处理，所带来的副产品或服务收益的影响因素为：①废弃物是否有增值价值。有增值价值废弃物是指加工处理后可成为工业用品或生活用品进行市场交易，而加工处理后直接排放到大自然的废弃物为无价值废弃物，有价值废弃物可以直接带来市场收益，无价值废弃物获得服务收益。有价值废弃物表现为下游企业支付给上游企业原材料购买费用，无价值废弃物表现为上游企业支付给下游企业废弃物处理服务费。②废弃物供应量。上游企业废弃物供应量是否稳定并具有足够规模，确保下游加工企业的生产稳定和盈利。③单一废弃物的处理还是多元废弃物的处理。④主产品与副产品价值比。如果

① Teresa Doménech，Michael Davies. The Role of Embeddedness in Industrial Symbiosis Networks：Phases in the Evolution of Industrial Symbiosis Networks［J］. Business Strategy and the Environment，2011（20）：281-296.

② Weslynne S. Ashton. The Structure，Function，and Evolution of a Regional Industrial Ecosystem［J］. Journal of Industrial Ecology，2009，13（2）：228-246.

③ Chertow M. R. Uncovering Industrial Symbiosis［J］. Journal of Industrial Ecology，2007，11（1）：11-30.

副产品加工价值与主产品价值比非常小，该企业很难以废弃物作为主参量，决定其投资决策。⑤加工后废弃物替代品的多少、价格及可获得便利性都会影响企业入网的决策。为此，综合影响工业废弃物循环利用网络企业利益的循环链因素如下：市场供需结构；产业的多样性；废弃物属性；市场竞争形式。

五、技术因素

M. Mirata（2004）认为技术影响潜在共生关系的数量和多样性、特定环境的经济和社会效益协同、资源开发和环境维护深度，进而影响协同性技术的可靠性和成本①。企业产品工艺、质量标准、技术成本与效率、技术更新水平都会影响合作方式及组织形态。M. Mirata（2005）和 Bertha Maya Sopha 等（2009）认为原料的最好用处、不同的能源流向、变化的时间和周期②③、技术锁定和次优问题会影响网络合作的深度及风险（Anna Wolf、Mats Eklund 和 Mats Söderström，2007）④。有效的信息共享与即时沟通是循环网络成功的关键技术之一（Sterr 和 Ott，2004）⑤。信息披露、信息的及时和可靠性影响企业间协同效应，系统监控的动态变化、评估及风险控制（Murat Mirata，2004）都会直接影响到合作效果。本书依据苏敬勤、习晓纯（2009）开发的效度及信度较高的有效性量表包括以下因素：企业技术创新能力；现代信息技术水平；技术成熟稳定度。

六、风险因素

企业应对风险，通常采用办法为风险评估、化解及转移策略。Chertow MR

---

①　M. Mirata. Experiences from Early Stages of a National Industrial Symbiosis Programme in the UK：Determinants and Coordination Challenges [J]. Journal of Cleaner Production, 2004（12）：967–983.

②　M. Mirata. Industrial Symbiosis：A Tool for More Sustainable Regions? Doctoral Dissertation. Lund University, Sweden, 2005.

③　Bertha Maya Sopha, Annik Magerholm Fet, Martina Maria Keitsch, Cecilia Haskins. Using Systems Engineering to Create a Framework for Evaluating Industrial Symbiosis Options [J]. Systems Engineering, 2009（6）：149–160.

④　Anna Wolf, Mats Eklund, Mats Söderström. Developing Integration in a Local Industrial Ecosystem–an Explorative Approach [J]. Business Strategy and the Environment, 2007（16）：442–455.

⑤　T. Sterr, T. Ott. The Industrial Region as a Promising Unit for Eco-industrial Development Reflections, Practical Experience and Establishment of Innovative Instruments to Support Industrial Ecology [J]. Journal of Cleaner Production, 2004, 12（8–10）：947–965.

（2000）认为循环网络受市场变化、工艺调整、技术革新、节点企业退出等因素带来的风险威胁①。苏敬勤、习晓纯（2009）认为产业生态网络不稳定、生态链断裂、技术创新、利益相关者都会影响产业生态网络的整体系统绩效及利益。汪毅、陆雍森（2004）从生态产业链的柔性等方面分析成员企业可能受到的 9 个风险因素影响，包括技术成本、交易、市场、自身管理、外来物种、信息公开、契约、文化背景、政策法律风险②。汤吉军（2010）认为资产专用性产生机会主义风险，即在契约不完全的情况下，资产专用性投资者容易被合作方"敲竹杠"③；合作者一般通过与多家企业建立长期稳定的合作关系，以降低对单一企业依赖的风险，显然，单向依赖程度越高，被依赖方投资的风险越大。为此，采用前人研究制定的量表包括如下因素：企业自身风险；战略经营调整；合作关系中专用性资产。

七、直接经济利益

从卡伦堡的发展实践来看，企业从事资源循环利用本质是实现企业利益最大化，企业往往是基于利益动机而进行共生合作，对投入、产出及收益综合评估后，企业决定是否进入循环网络。Lowe、Warren 和 Moran（1997）认为只有企业具有较高经济利益，才可能保持生态工业园的共生效率④；Ehrenfeld 和 Gertler（1997）从合作的上下游企业成本和收益角度，认为卖方企业合作的动力首先是考虑降低废弃物的处理成本，甚至把废弃物处理变成新的利润来源；买方企业合作动力是希望把副产品作为资源投入，低成本地获得资源，且尽可能降低交易成本及运输成本，合理分享合作创造的净利润⑤。Pierre Desrochers（2002）对卡伦堡与欧美其他的产业生态区的案例进行研究发现，利益是合作

① Chertow MR. Industrial Symbiosis: Literature and Taxonomy [J]. Annual Review of Energy and Environment, 2000 (25): 313-337.

② 汪毅，陆雍森. 论生态产业链的柔性 [J]. 生态学杂志，2004，23 (6): 138-142.

③ 汤吉军. 资产专用性、"敲竹杠"与新制度贸易经济学 [J]. 经济问题，2010 (8): 5-7.

④ Lowe E., J. Warren and S. Moran. Discovering Industrial Ecology: An Executive Briefing and Source Book [M]. Battelle Press, 1997.

⑤ Ehrenfeld J. and N. Gertler. Industrial Ecology in Practice: The Evolution of Interdependence at Kalundborg [J]. Journal of Industrial Ecology, 1997, 1 (1): 67-79.

驱动力，而环境压力不是形成共生的主要动力[1]。利益核心体现在围绕工业废弃物的综合利用，实现各利益相关者整体利益最大化的同时，实现上下游各成员企业利益均衡。从投入产出的角度分析，原始的投入成本、废物和副产品的经济价值影响共生网络的范围经济优势和竞争力，创收潜力、投资回收期、投资回报率、维护成本（包括交易和机会成本）影响公司决策和资金的来源。显然，企业自身生产能力决定生产成本，企业间合作方式决定交易成本，为了寻求成本的最小化，企业会选择最合适的交易方式。通过企业资源能力的互补，共同获得市场机会，满足单个企业难以满足的供应链需求。企业间合作以废弃物增值为主线，上游企业消除废弃物排放压力，并尽可能盈利，回收企业赚取流通费用，下游企业把废弃物作为原材料加工，整个供应链形成闭环网络。依据文献制定量本表包括如下因素：合作关系能够带来市场机会；合作关系能够满足企业供应链的需求；合作伙伴相对于企业的某项业务更具专业化；合作伙伴具备企业需要的特有资源和特有能力；展开和维护合作关系的成本更低。

八、人际因素

Murat Mirata（2005）、Bertha Maya Sopha 等（2009）、Ehrenfeld 和 Chertow（2002）认为信任、开放、环境成熟度的社会结构[2]及社会互动的层次、第三方（如政府、产业协会、协调组织）的影响力[3]、人际依赖、地方政府决策水平、组织历史、社会嵌入、合作文化和"短的精神距离"[4] 等都会影响企业的交易成本、品牌声誉及租金收益。公众的信任（Ashton，2008；Gibbs 和 Deutz，2007）、当地合作伙伴关系（Gibbs 和 Deutz，2007）为循环网络成功的

① Pierre Desrochers. Cities and Industrial Symbiosis: Some Historical Perspectives and Policy Implications [J]. Journal of Industrial Ecology, 2002, 5 (4).

② Murat Mirata, Industrial Symbiosis: A Tool for More Sustainable Regions? [M]. Doctoral Dissertation, Lund University, Sweden, 2005.

③ Bertha Maya Sopha, Annik Magerholm Fet, Martina Maria Keitsch, Cecilia Haskins. Using Systems Engineering to Create a Framework for Evaluating Industrial Symbiosis Options [J]. Systems Engineering, 2009, 9 (6): 149-160.

④ Ehrenfeld J, Chertow M. Industrial Symbiosis: the Legacy of Kalundborg [J]. In A Handbook of Industrial Ecology. Elgar: Cheltenham, 2002: 334-348.

关键因素，同时人际关系的锁定也可能使网络结构产生较大的刚性，从而降低循环网络的适应性，加大了经营的风险成本①。显然，良好的人际关系和信任，降低了工业废弃物交换系统的门槛，提高了合作的便利性，企业间关系、经理人员的关系、网络和网络间的关系、人际依赖、关系锁定会影响循环网络的运行（Pratima Bansal、Brent Mcknight，2009；Weslynne Ashton，2008）。彼此的开放新思路、风险认知、社会交往和心理水平、地方政府决策权、组织历史、产业政策制定者和监管者之间的互动性都会影响合作框架和协同发展（Murat Mirata，2004）。为此，我们采用前人使用的高效量表包括如下因素：企业与合作伙伴的社会关系；合作伙伴的信誉；合作伙伴同属一个集团；合作伙伴与母公司有股权合作；企业的合作服从母公司的战略。

九、管理因素

管理因素主要分析管理的素质及管理活力。管理素质主要分为企业管理的综合水平及企业管理方式、方法、理念，企业内部动机的驱使和企业家偏好、企业家理念、信誉和社会责任等都可能影响合作双方的利益（Pierre Desrochers，2002）。管理活力表现为企业对环境的适应性，上下游企业的技术变更、工艺调整、市场应变、人员调整等可能导致企业间合作的破裂，影响合作的风险和收益，而应变能力决定了企业间的衔接、匹配的适应性，上述因素也会直接影响运营的转换成本及结构风险。为此，本书归纳影响工业废弃物循环利用网络利益的管理因素如下：企业管理素质；企业的活力。

第二节　工业废弃物循环利用网络的利益影响因素实证分析

本节以鄱阳湖生态经济区循环经济体内的企业为样本，进行影响工业废弃

---

① Gibbs D., P. Deutz. Reflections on Implementing Industrial Ecology through Eco-industrial Park Development [J]. Journal of Cleaner Production, 2007, 15 (17): 1683-1695.

物循环利用网络中企业的直接经济利益及间接经济利益的因素实证分析。

一、鄱阳湖生态经济区工业废弃物循环利用网络总体状况

鄱阳湖生态经济区规划范围为 38 个县（市、区），包括南昌、景德镇、鹰潭 3 市，以及九江、新余、抚州、宜春、上饶、吉安的部分县（市、区），规划面积为 5.12 万平方公里，2010 年生产总值占全省的 59.7%，人口 1968.81 万。该地区所规划的十大产业基地中有八大产业为工业基地，即光电、新能源、生物、航空、铜、钢铁、化工、汽车。可见，促进工业废弃物循环利用必然要成为该地区发展循环经济，进而实现规划宏伟目标重要任务。截至 2010 年，全区有 39 个工业园区、3880 家工业企业，在全省占比为 47.85%，建设了一批生态工业园及循环经济实验区，其中江西星火生态工业园、江西金砂湾工业园等园区内企业间废弃物基本形成循环系统，通过园区规划、招商补链、错位竞争等形式促进产业共生，控制废弃物排放，提供资源循环利用效率，初步建立资源分拣、回收及循环利用体系。

以产业技术高级化、产业发展集群化、产业经济生态化为发展导向，初步建立新型工业、生态农业和现代服务业为支撑的环境友好型产业体系，以光电、新能源、生物医药、铜冶炼和精深加工、优质钢材、石化、航空、新型汽车及配件、陶瓷、钨和稀土精深加工十大产业为共生网络的主体结构，促进物质流、信息流、资金流及价值流等多种要素同体共生，实现产业基地化、基地项目生态化目标。依托核心企业作为产业间耦合主要载体，建立企业间、产业间、园区间、区域间多层次、多元化资源循环网络。强化产业输入输出的转换效率，大力发展再生资源的综合利用，加强石油化工与生物产业的耦合连接，加强新能源产业化供应，强化汽车装备制造业与航空产业、光电产业耦合连接，促进冶金行业余热的梯级利用，开展废弃物的综合循环利用，加强矿业、药品、化工、食品、印染、污水处理、电子、建材、信息等行业的耦合链接①，鄱阳湖生态经济区工业废弃物循环利用网络见图 3-1。

---

①　朱文兴，卢福财. 鄱阳湖生态经济区产业共生网络构建研究 [J]. 求实，2013（2）：61-64.

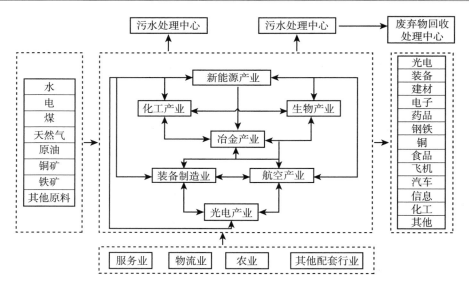

图 3-1　鄱阳湖生态经济区工业废弃物循环利用网络结构

近年来，区内冶金、化工、建筑材料等污染监控重点行业基本建立资源循环利用体系，全面提高"三废"处理水平，2010 年区内工业固体废弃物产生量 2797 万吨，工业固体废弃物排放量 8.5 万吨，工业固体废弃物的综合利用率为 84.4%；工业废水排放总量为 38899 万吨，工业废水中化学需氧量排放量 51756 吨，工业废水中氨氮排放量 3916 吨；工业二氧化硫排放量 285246 吨；"三废"综合利用产品产值为 464004 万元[①]。上述数据说明鄱阳湖生态经济区工业废弃物循环利用网络取得初步成效，但是，鄱阳湖生态经济区内虽然建设了一批生态工业示范园、循环经济实验区，但真正在企业间形成工业废弃物循环利用网络的企业却不是很多，资源需求大幅增加与资源循环利用受限并存，资源循环处于割裂状态，区内物料、能源及水梯级利用机制还未形成，废弃物处理设备的闲置与缺乏并存；购买新的原料和处理废弃物费用之间难以权衡；相关法律、法规的不完善使得一些企业对于废弃物宁愿接受罚款，也不使用这些废弃物做原料；废弃物供应的上游企业和废弃物处理的下游企业以及企业与政府之间存在明显的利益矛盾，既得利益企业与争取利益企业之间利益关系难

---

① 江西省人民政府鄱阳湖生态经济区建设办公室 [G]. 鄱阳湖生态经济区统计年鉴. 江西省统计局，2010.

以协调；资源、环境与发展的矛盾，成为制约经济社会可持续发展的主要"瓶颈"。

二、量表设计及描述性统计

1. 量表的设计

本研究以鄱阳湖生态经济区各地区工业园区内的企业为样本，根据上述文献综述，在苏敬勤和习晓纯（2009）等量表的基础上，结合研究的需要，综合设计研究构面如表3-1所示：

表 3-1　影响因素各构面的变量衡量表

构面	因素	衡量方法	指标参考文献
外部因素	政府支持	保持地方企业社会形象（x1）	M. Mirata，2005；Maya Sopha 和 Pratima Bansal，2009；苏敬勤和习晓纯，2009
		银行贷款支持（x2）	
		税收减免优惠支持（x3）	
		地方财政项目性资金支持（x4）	
		政府行政手段的支持（x5）	
		企业经营面临的法律支持（x6）	
	环境压力	治污费用的压力（x7）	苏敬勤和习晓纯，2009
		废弃物排放的压力（x8）	
		企业周围居民的环境要求（x9）	
	地理条件及基础设施	空间距离的相近（x10）	Gibbs，2003；Heeres，2004；Desrochers 2002；Sterr 和 Ott，2004
		基础设施的完备性（x11）	
	循环链因素	产业的多样性（x12）	Teresa Doménech 和 Michael Davies，2011；Weslynne S. Ashton，2009；Chertow，2007
		市场供需结构（x13）	
		废弃物属性（x14）	
		市场竞争形式（x15）	

续表

构面	因素	衡量方法	指标参考文献
内部因素	技术因素	现代信息技术水平（x16）	Murat Mirata, 2004；Mirata M., 2005；Bertha Maya Sopha, 2009；Sterr 和 Ott，2004
		技术成熟稳定度（x17）	
		企业技术创新能力（x18）	
	风险因素	企业自身风险（x19）	苏敬勤和习晓纯，2009；Chertow M R，2000；汪毅、陆雍森，2004；汤吉军，2010
		战略经营调整（x20）	
		合作中的专用性资产（x21）	
	直接经济利益	合作关系能够带来市场机会（x22）	Lowe、Warren 和 Moran，1997；苏敬勤和习晓纯，2009；Ehrenfeld 和 Gertler，1997；Pierre Desrochers，2002
		合作关系能够满足企业供应链需求（x23）	
		某项业务更专业化（x24）	
		合作伙伴具备企业需要的特有资源和特有能力（x25）	
		展开和维护合作关系的成本更低（x26）	
	人际因素	企业与合作伙伴的社会关系（x27）	M. Mirata，2000；Bertha Maya Sopha 和 Pratima Bansal，2009；Ehrenfeld 和 Chertow，2002；苏敬勤和习晓纯，2009
		合作伙伴的信誉（x28）	
		合作伙伴同属一个集团（x29）	
		合作伙伴与母公司有股权合作（x30）	
		企业的合作需要服从母公司的战略（x31）	
	管理因素	企业的适应性（x32）	Pierre Desrochers，2002
		企业管理水平（x33）	

2. 数据来源及描述性统计

本研究以鄱阳湖生态经济区各地区工业园区内的企业为样本，首先针对少数企业进行问卷预测试，经过小范围测试问卷效度和信度后，重新修订量表，在此基础上通过电子邮件、电话及现场发放等方式向企业进行大规模调查，共发放问卷 462 份，回收有效问卷 391 份，问卷中各问题均要求企业中高层管理人员及高级技术人员作答。问卷地区收集数量见图 3-2。

为了充分体现鄱阳湖生态经济区主导产业特征，问卷尽可能围绕该地区主导产业进行调查，依据鄱阳湖生态经济区产业发展规划，以光电、新能源、生物医药、铜冶炼和精深加工、优质钢材、石化、航空、新型汽车及配件、陶瓷、钨和稀土精深加工为该地区的十大主导产业。具体问卷产业分布见图 3-3。

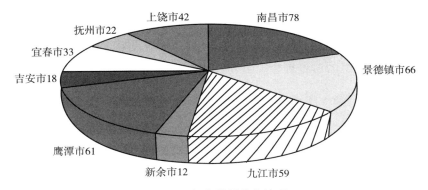

图 3-2　问卷数量收集情况

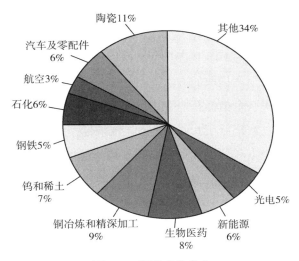

图 3-3　问卷产业分布

三、效度与信度检验

1. 影响因素的效度检验

因子分析（Factor Analysis）是一种降维、简化数据的技术，通过研究众多变量之间的内部相关关系观测数据基本结构，并用少数几个公共因子来描述整体的数据结构。下文的分析中将运用 Spss 16.0 中主成分分析法来提取因子变量，对 33 个指标进行 KMO 和 Bartlett 检验，检查调查数据是否适合做因子分析。根据相关检验结果，由表 3-2 可知，因子检验的 KMO 值为 0.818，大于 0.5，适合做因子分析；Bartlett 球度检验给出的 χ^2 统计量为 6429.475，且其对应的相伴概率为 0.000，远远小于显著水平 0.05，因此拒绝 Bartlett 球度检验的零假设，认为适合进行因子分析。

表 3-2　Bartlett 球度检验和 KMO 检验

KMO 值		0.818
Bartlett 球度检验	χ^2	6429.475
	自由度	528
	显著性	0.000

2. 探测性因子分析

对 33 个指标采用 Spss 16.0 进行探测性因子分析，提取主要因素进一步明确和简化问题。根据因素提取的方法，得到第一次主因素提取的结果，按照有关专家的意见，如果某个指标在两个主因子上的相关系数超过了 0.5，或在每个主因子上的相关系数都低于 0.4，则删除该指标。另外，如果没有相互联系的若干指标组成一个主成分时，则需要删除和其他指标没有关系的指标。根据这两个原则，"企业周围居民的环境要求"、"产业的多样性"和"企业自身风险"的负载值小于 0.5，这 3 个题项被删除，对剩余的 30 个题项进行第二次因子分析，结果"企业的合作需要服从母公司的战略"负荷值小于 0.5 被去除，第三次因子分析的结果见表 3-3：

表 3-3　Bartlett 球度检验和 KMO 检验

KMO 值		0.808
Bartlett 球度检验	χ^2	5772.748
	自由度	406
	显著性	0.000

从表 3-3 可以看出，经过探测性因子分析后，29 个题项的 KMO 值为 0.808，大于 0.5，Bartlett 球度检验给出的 χ^2 统计量为 5772.748，且其对应的相伴概率为 0.000，远远小于显著水平 0.05，适合做因子分析。工业废弃物循

环利用网络影响因素的旋转因子的负载矩阵见表3-4。

表3-4 工业废弃物循环利用网络影响因素的旋转因子的负载矩阵

指标	因子								
	1	2	3	4	5	6	7	8	9
保持地方企业社会形象（x1）	0.775	0.122	-0.019	0.016	0.159	0.029	0.052	-0.024	0.063
银行贷款支持（x2）	0.771	0.095	0.017	0.005	0.108	0.155	0.013	0.024	0.050
税收减免优惠支持（x3）	0.768	0.088	-0.035	0.041	0.092	0.081	0.010	0.029	0.073
地方财政项目性资金支持（x4）	0.764	0.135	0.026	-0.007	0.140	0.119	-0.035	-0.106	0.018
政府行政手段的支持（x5）	0.712	0.039	0.047	-0.033	0.107	0.039	0.021	-0.056	0.114
企业经营面临的法律支持（x6）	0.667	0.165	0.003	0.067	0.127	0.095	0.070	0.105	-0.030
合作关系能够带来市场机会（x22）	0.114	0.702	0.042	-0.075	0.193	0.139	-0.299	0.136	0.202
合作伙伴具备企业需要的特有资源和特有能力（x25）	0.095	0.660	-0.039	0.086	-0.002	0.083	0.318	-0.042	-0.064
合作关系能够满足企业供应链需求（x23）	0.182	0.660	0.064	-0.038	0.158	0.130	-0.279	0.112	0.296
展开和维护合作关系的成本更低（x26）	0.195	0.658	-0.019	0.118	0.018	0.065	0.330	-0.214	-0.151
合作伙伴相对于企业的某项业务更具专业化（x24）	0.210	0.657	-0.020	0.188	-0.047	-0.054	0.018	0.108	0.030
企业与合作伙伴的社会关系（x27）	0.004	-0.047	0.821	0.033	0.076	0.098	0.182	0.049	0.025
合作伙伴的信誉（x28）	-0.043	-0.119	0.799	0.081	-0.003	0.046	0.047	0.062	0.023
合作伙伴同属一个集团（x29）	0.076	0.105	0.728	-0.087	-0.013	0.038	0.153	0.093	0.055
合作伙伴与母公司有股权合作（x30）	-0.003	0.084	0.542	0.314	0.027	-0.227	0.030	0.117	0.033
空间距离的相近（x10）	0.038	0.069	0.056	0.899	0.011	0.091	0.046	0.101	0.038
基础设施的完备性（x11）	0.019	0.139	0.101	0.865	0.007	0.081	-0.014	0.090	0.056
现代信息技术的支持（x16）	0.187	0.031	0.022	-0.033	0.799	0.041	0.080	-0.036	-0.081
技术成熟稳定度（x17）	0.275	0.036	0.006	0.029	0.753	0.096	0.050	0.057	0.010
企业技术创新能力（x18）	0.320	0.102	0.042	0.042	0.516	0.070	0.089	-0.075	0.137

续表

指标	因子								
	1	2	3	4	5	6	7	8	9
废弃物排放的压力（x8）	0.232	0.056	0.001	0.075	0.108	0.861	-0.012	0.040	-0.032
治污费用的压力（x7）	0.222	0.148	0.060	0.095	0.078	0.839	0.052	-0.057	0.044
废弃物属性（x14）	0.113	0.010	0.122	0.066	0.024	-0.047	0.656	0.185	0.139
市场供需结构（x13）	0.011	0.106	0.206	-0.013	0.081	0.105	0.620	0.101	-0.009
市场竞争形式（x15）	-0.049	-0.072	0.164	-0.060	0.289	-0.055	0.509	0.165	0.315
企业管理水平（x33）	-0.024	0.110	0.128	0.082	-0.055	0.008	0.174	0.818	-0.052
企业的适应性（x32）	-0.010	-0.023	0.141	0.131	0.025	-0.023	0.159	0.817	0.084
战略经营调整（x20）	0.208	-0.074	0.132	-0.040	0.070	-0.010	0.158	0.001	0.773
合作关系中专用性资产（x21）	0.061	0.338	-0.042	0.222	-0.089	0.025	0.066	0.017	0.645

从表 3-4 不难发现，经过探测性因子分析后，29 个因素生成 9 个公共因子，说明较好地保证了因子构造的一致性。

3. 影响因素的信度检验

信度系数测验结果的一致性、稳定性及可靠性，测验信度的高低主要用内部一致性衡量。信度系数越高即表示该测验结果越一致、稳定与可靠。本书采用总体 α 系数对量表进行检验，29 个题项的项目总体 α 系数为 0.818，大于 0.7，表明信度较高，通过检验。具体项目总体相关系数、公共因子的项目总体 α 系数经过整理调整排序见表 3-5。

表 3-5　提取因子的信度检验

指标	项目总体相关系数	总体 α 系数	N	总体 α 系数
保持地方企业社会形象（x1）	0.687			
银行贷款支持（x2）	0.702			
税收减免优惠支持（x3）	0.699	0.863	6	0.818
地方财政项目性资金支持（x4）	0.673			
政府行政手段的支持（x5）	0.610			
企业经营面临的法律支持（x6）	0.578			

续表

指标	项目总体相关系数	总体 α 系数	N	总体 α 系数
合作关系能够带来市场机会（x22）	0.545			
合作关系能够满足企业供应链的需求（x23）	0.554			
合作伙伴相对于企业的某项业务更具专业化（x24）	0.489	0.742	5	
合作伙伴具备企业需要的特有资源和特有能力（x25）	0.461			
展开和维护合作关系的成本更低（x26）	0.483			
企业与合作伙伴的社会关系（x27）	0.615			
合作伙伴的信誉（x28）	0.583	0.734	4	
合作伙伴同属一个集团（x29）	0.527			
合作伙伴与母公司有股权合作（x30）	0.389			
空间距离的相近（x10）	0.719	0.836	2	
基础设施的完备性（x11）	0.719			
现代信息技术的支持（x16）	0.491			0.818
技术成熟稳定度（x17）	0.518	0.647	3	
企业技术创新能力（x18）	0.369			
治污费用的压力（x7）	0.659	0.793	2	
废弃物排放的压力（x8）	0.659			
市场供需结构（x13）	0.328			
废弃物属性（x14）	0.367	0.546	3	
市场竞争形式（x15）	0.378			
企业的适应性（x32）	0.527	0.690	2	
企业管理水平（x33）	0.527			
战略经营调整（x20）	0.271	0.418	2	
合作关系中专用性资产（x21）	0.271			

4. 因素对整体解释的变异数

从表 3-6 可以看出，29 个因素按照特征值大于 1 的原则重新选择主成分的个数，运用方差最大化旋转方法得出了 9 个主成分，它们共同解释了样本总体信息的 63.979%，因素提取的效果较好，基本能够反映构面的设计。

表 3-6   总体方差解释

因素	初始特征值			旋转前总体负载平方和			旋转后总体负载平方和		
	总体	方差%	累积 %	总体	方差%	累积 %	总体	方差%	累积 %
1	5.563	19.183	19.183	5.563	19.183	19.183	3.847	13.265	13.265
2	3.159	10.892	30.075	3.159	10.892	30.075	2.551	8.797	22.062
3	2.249	7.755	37.830	2.249	7.755	37.830	2.309	7.961	30.023
4	1.540	5.311	43.141	1.540	5.311	43.141	1.843	6.355	36.378
5	1.399	4.825	47.966	1.399	4.825	47.966	1.761	6.074	42.452
6	1.294	4.462	52.429	1.294	4.462	52.429	1.666	5.744	48.196
7	1.144	3.945	56.373	1.144	3.945	56.373	1.626	5.609	53.804
8	1.124	3.877	60.251	1.124	3.877	60.251	1.589	5.478	59.282
9	1.081	3.728	63.979	1.081	3.728	63.979	1.362	4.697	63.979
10	0.891	3.072	67.051						
11	0.821	2.830	69.881						
12	0.776	2.676	72.557						
13	0.715	2.466	75.023						
14	0.687	2.369	77.392						
15	0.671	2.315	79.707						
16	0.609	2.100	81.807						
17	0.570	1.966	83.773						
18	0.559	1.929	85.702						
19	0.502	1.730	87.432						
20	0.467	1.609	89.041						
21	0.435	1.500	90.542						
22	0.433	1.495	92.036						
23	0.419	1.443	93.479						
24	0.383	1.320	94.799						
25	0.348	1.200	95.999						
26	0.340	1.174	97.173						
27	0.299	1.031	98.204						
28	0.284	0.980	99.184						
29	0.237	0.816	100.000						

四、数据分析及讨论

1. 数据分析

通过因子分析共得到 9 个主成分，其中，第一个主成分"政府支持"包括：x1、x2、x3、x4、x5、x6 共 6 个指标，它解释了整个样本信息的13.265%，政府支持中"银行贷款支持"、"税收减免优惠支持"、"保持地方企业社会形象"、"地方财政项目性资金支持"、"政府行政手段的支持"、"企业经营面临的法律支持"，项目总体相关系数分别为 0.687、0.702、0.699、0.673、0.610、0.578，组内项目总体 α 系数为 0.863。从数据分析可以看出，政府支持对企业间共生影响较大，"银行贷款支持"、"税收减免优惠支持"、"保持地方企业社会形象"分别为政府支持手段中的前三位。

第二个主成分"直接经济利益"包括：合作关系能够带来市场机会（x22）、合作关系能够满足企业供应链的需求（x23）、某项业务更专业化（x24）、合作伙伴具备企业需要的特有资源和特有能力（x25）、展开和维护合作关系的成本更低（x26）5 个指标，根据指标与第二主成分的载荷系数，它解释了整个样本信息的 8.797%，项目总体相关系数分别为 0.545、0.554、0.489、0.461、0.483，组内项目总体 α 系数为 0.742。参与废弃物的循环利用、直接经济利益中合作关系能够带来市场机会、合作关系能够满足企业供应链的需求为主要的合作动力。

第三个主成分"人际因素"包括：企业与合作伙伴的社会关系（x27）、合作伙伴的信誉（x28）、合作伙伴同属一个集团（x29）、合作伙伴与母公司有股权合作（x30）4 个指标，根据指标与第三主成分的载荷系数，它解释了整个样本信息的 7.961%，项目总体相关系数分别为 0.615、0.583、0.527、0.389，组内项目总体 α 系数为 0.734。从项目相关系数可以看出，人际关系是企业间长期合作的社会基础，其中尤为突出的是企业与合作伙伴的社会关系、合作伙伴的声誉。

第四个主成分"地理条件及基础设施"包括：空间距离的相近（x10）、基础设施的完备性（x11）2 个指标，根据指标与第四主成分的载荷系数，它解释了整个样本信息的 6.355%，项目总体相关系数分别为 0.719、0.719，组

内项目总体 α 系数为 0.836。

第五个主成分"技术因素"包括：现代信息技术水平（x16）、合作技术成熟稳定度（x17）、企业技术创新的能力（x18）3 个指标，根据指标与第五主成分的载荷系数，它解释了整个样本信息的 6.074%，项目总体相关系数分别为 0.491、0.518 和 0.369，组内项目总体 α 系数为 0.647。

第六个主成分"环境压力"包括：降低治污费用的压力（x7）、减少废弃物排放的压力（x8）2 个指标，根据指标与第六主成分的载荷系数，主成分解释了整个样本信息的 5.744%，项目总体相关系数分别为 0.659 和 0.659，组内项目总体 α 系数为 0.793。

第七个主成分"循环链因素"包括：市场供需结构（x13）、废弃物属性（x14）、市场竞争形式（x15）3 个指标，根据指标与第七主成分的载荷系数，它解释了整个样本信息的 5.609%，项目总体相关系数分别为 0.328、0.367 和 0.378，组内项目总体 α 系数为 0.546。

第八个主成分"管理因素"包括：企业的适应性（x32）、企业管理水平（x33）2 个指标，根据指标与第八主成分的载荷系数，它解释了整个样本信息的 5.478%，项目总体相关系数分别为 0.527 和 0.527，组内项目总体 α 系数为 0.690。

第九个主成分"风险因素"包括：战略经营调整（x20）、合作关系中专用性资产（x21）2 个指标，根据指标与第九主成分的载荷系数，它解释了整个样本信息的 4.697%，项目总体相关系数分别为 0.271 和 0.271，组内项目总体 α 系数为 0.418。

2. 数据讨论

（1）从影响工业废弃物循环利用网络企业利益总体因素来看，鄱阳湖生态经济区工业废弃物循环利用网络利益影响因素依次为政府支持、直接经济利益、人际因素、地理条件及基础设施、技术因素、环境压力、循环链因素、管理因素、风险因素 9 个因素，其中影响最大的为政府支持与企业直接经济利益，其次为人际因素及地理的邻近和基础设施的完备性，最后为技术因素、环境压力、循环链因素、管理因素、风险因素，详见表 3-7。

表 3-7 影响因素排序

因素排序	因素名称	指标主要表现
第一	政府支持	银行贷款支持、税收减免优惠支持、保持地方企业社会形象、地方财政项目性资金支持、政府行政手段的支持、企业经营面临的法律支持等
第二	直接经济利益	合作关系能够带来市场机会、合作关系能够满足企业供应链的需求、某项业务更具专业化、合作伙伴具备企业需要的特有资源和特有能力、展开和维护合作关系的成本更低等
第三	人际因素	企业与合作伙伴的社会关系、合作伙伴的信誉、合作伙伴同属一个集团、合作伙伴与母公司有股权合作等
第四	地理条件及基础设施	空间距离的相近、基础设施的完备性等
第五	技术因素	现代信息技术水平、合作技术成熟稳定度、企业技术创新的能力等
第六	环境压力	降低治污费用的压力、减少废弃物排放的压力等
第七	循环链因素	市场供需结构、废弃物属性、市场竞争形式等
第八	管理因素	企业的适应性、企业管理水平等
第九	风险因素	战略经营调整、合作关系中专用性资产

（2）从促进工业废弃物循环利用网络的动力来看，鄱阳湖生态经济区工业废弃物循环利用网络的主要动力来源为政府支持和企业的直接经济利益。从本书的数据分析可以看出，政府支持通过外部收益内部化的形式变为直接利益，而直接经济利益为第二主成分，环境压力为第六主成分，由此说明，盈利是企业存在的基本使命，为企业及合作伙伴带来市场机会、满足企业供应链的需求，降低企业运行成本为网络共生主要合作动力。换而言之，利益机制始终是推动工业废弃物循环网络构建的核心，环保压力不是形成资源循环的最主要动力。

第三节 工业废弃物循环利用网络企业间
影响要素约束条件

一、网络不同阶段影响要素的利益指标选择

从第二节研究发现，企业是否选择加入网络基于初始合作条件及预期收益能否达成，工业废弃物循环利用网络的形成及发展受政府支持、直接经济利益、人际因素、地理及基础设施、技术因素、环境压力、循环链因素、管理因素、风险因素九个因素影响，这些因素最终都会对企业间合作利益产生影响，而利益的主要表现形式为产品或加工服务利益、政府的补偿利益、合作租金收益等。产品或服务利益为企业投资于废弃物加工处理，所带来的副产品或服务收益。为此，需要进一步研究这些影响要素如何直接或间接地影响企业利益，间接影响因素通过外部收益内部化的方式，把影响因素转化为直接利益。

依据上文可知，不同的要素在工业废弃物循环网络的不同阶段，影响力度及约束条件不一致，进而需要研究工业废弃物不同阶段具体的影响，事实上，企业基于自身利益最大化进行共生合作，但由于受到动态条件变化，又导致网络的退化和瓦解。Hanshi（2010）通过对天津泰达开发区的研究表明，受初始投资成本高、废弃物供应量缺乏、新的工艺设计等因素影响导致产品共生项目的终止[①]。程高君和程会强（2009）以混合策略博弈模型研究企业共生关系形成过程[②]，但没有分析共生网络持续合作的条件。显然，网络进化是从一个状态到另一个状态的发展过程，企业作为市场经济活动主体，目标是追求经济利益最大化，工业废弃物循环利用网络能否持续发展壮大归根结底取决于成员企业所面临的经济利益决策。所以本书以利益作为切入点，遵循经济学的成本收

---

① Hanshi. Industrial Symbiosis from the Perspectives of Transaction Cost Economics and Institutional Theory [D]. Yale University，2010：73.

② 程高君，程会强. 自主实体共生模式下企业共生的博弈分析 [J]. 环境科学与管理，2009（9）：164-167.

益分析思路，对工业废弃物循环利用网络分为形成与持续合作两个阶段，设置不同的变化状态。在形成阶段设置进入与不进入的状态，在持续阶段设置不退出与退出状态，综合两个阶段，企业进入且不退出的利益条件，就得出维持网络合作的要素条件，合作条件一旦突破，轻则造成企业间利益冲突，重则导致合作的中断。见图3-4。

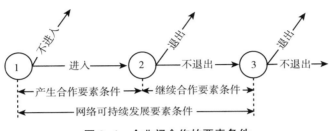

图3-4 企业间合作的要素条件

政府支持表明政府鼓励企业进行废弃物处理，直接利益表现主要为直接补贴、税收优惠政策等；直接经济利益代表进入或不进入循环网络的最终收益；环境压力主要体现在排污处罚成本；风险因素直接体现为机会损失；技术水平表现为企业废弃物处理的单位成本及初始的固定资产投资；循环链中市场供需结构、竞争形势、废弃物价值集中体现在交易价格和废弃物供应量；基础设施及管理因素集中体现在交易成本。

二、工业废弃物循环利用网络企业间形成合作的要素条件

1. 博弈参数假设及收益矩阵

根据企业间合作的现实情况，依据研究的需要，以准备建立纵向合作关系的上下游企业为研究对象，建立企业合作博弈模型假设如下。

假设1：企业是理性的，其经营目标是追求自身利益最大化；

假设2：假设只有上下游两个企业准备合作，上游废弃物供应企业仅提供一种废弃物；

假设3：技术水平在一定时间范围内保持恒定。

上游企业进入网络表明上游企业提供经过处理的废弃物给下游企业，不进

入表明采用破坏环境粗放的方式直接排放与掩埋废弃物；下游企业进入表明对废弃物的处理并开发利用，不进入的方式为直接购买自然原材料。

各影响因素的指标符号如下：

1——表示上游企业；

2——表示下游企业；

x——上游企业选择进入网络概率；

y——下游企业选择进入的概率；

τ——税收优惠或奖励，只要体现政府支持因素；

U——利润，体现为直接经济利益；

w——排污成本，主要体现环境压力因素；

c_{o1}，c_{o2}——机会损失，体现合作风险因素；

c_1、c_2——废弃物单位处理成本，体现技术水平等因素；

i_1、i_2——初始的固定资产投资，体现技术水平等因素；

p——废弃物交易价格，体现循环链中市场供需结构、竞争形势、废弃物价值等因素；

q——废弃物供应量，体现废弃物的供需结构及交易规模等因素；

∂——废弃物的交易成本，体现基础设施及管理因素。

根据上述假设，构造工业废弃物循环利用网络的上下游企业间合作博弈收益矩阵如表 3-8 所示。

表 3-8　上下游企业合作博弈收益矩阵

		下游企业	
		y 进入	1-y 不进入
上游企业	x 进入	$pq-i_1-c_1q-\partial_1$ $-pq-i_2-c_2q-\partial_2+\tau q$	$-wq-c_{o1}$ $-p_0q$
	1-x 不进入	$-wq$ $-p_0q-c_{o2}$	$-wq$ $-p_0q$

2. 网络形成阶段上下游企业实现均衡的条件

根据上述收益矩阵，可以清晰地得到上游企业采取进入行为的收益期望值为：

$$U_{1C} = (pq - i_1 - c_1q - \partial_1)y + (-wq - c_{o1})(1-y) \tag{3-1}$$

上游企业采取不进入的期望收益为：

$$U_{1D} = -wq \cdot y - wq(1-y) \tag{3-2}$$

从上游企业的角度考虑，上游企业选择进入策略约束条件为：$U_{1D} \leqslant U_{1C}$，即：$\Delta U = U_{1C} - U_{1D} \geqslant 0$，于是得到上游企业选择进入策略下各参数的约束条件：

$$w \geqslant c_1 - p + (i_1 - c_{o1} + \partial_1)q^{-1} + (y_{-1} - 1)c_{o1}q^{-1} \tag{3-3}$$

$$q \geqslant \frac{i_1 + \partial_1 - c_{o1}}{p - c_1 + w} + \frac{c_{o1}}{(p - c_1 + w)y} \tag{3-4}$$

$$i_1 \leqslant (p - c_1 + w)q - \partial_1 + c_{o1}(1 - y^{-1}) \tag{3-5}$$

$$p \geqslant c_1 - w + (i_1 + \partial_1)q^{-1} + (y^{-1} - 1)q^{-1}c_{o1} \tag{3-6}$$

$$\partial_1 \leqslant (p - c_1 + w)q - i_1 + (1 - y^{-1})c_{o1} \tag{3-7}$$

$$c_1 \leqslant p + w - (i_1 + \partial_1)q^{-1} - (1-y)q^{-1}y^{-1}c_{o1} \tag{3-8}$$

$$c_{o1} \leqslant \frac{(pq - i_1 - c_1q - \partial_1 + wq)y}{(1-y)} \tag{3-9}$$

从式（3-3）至式（3-9）可以得出，上游企业选择进入循环网络的条件为：在其他条件不变的情况下，单位排污费用不能低于某个标准；副产品的供应量必须有一定的规模；投资副产品的初始投资额度不能超过一定的标准；废弃物投资具备一定的投资价值，副产品价格在一定的范围之上；单位副产物处理成本必须有上限；重新寻找合作伙伴所产生的交易成本占原有交易成本比例要小于某一数值；企业对副产品的处理费用有上限；选择进入的机会损失在一定可控范围之内；从成本收益角度分析，若超出上述关键因素的约束条件，上游企业将选择不进入网络。

同理可得废弃物处理的下游企业进入的收益期望值：

$$U_{2C} = (-pq - i_2 - c_2q - \partial_2 + tq)x + (-p_0q - c_{o2})(1-x) \tag{3-10}$$

上游企业采取不进入的期望收益为：

$$U_{2D} = -p_0q \cdot x + (-p_0q)(1-x) \tag{3-11}$$

从下游企业角度考察，若使下游选择进入策略，则需满足：$U_{2D} \leqslant U_{2C}$，即：$\Delta U = U_{2C} - U_{2D} \geq 0$，从而下游企业选择进入策略需要满足的条件：

$$\tau \geq p_0 - p - c_2 - (i_2 + \partial_2) q^{-1} - (x^{-1} - 1) q^{-1} c_{o2} \tag{3-12}$$

$$p \leq \tau + p_0 - c_2 - (i_2 + \partial_2) q - (x^{-1} - 1) q^{-1} c_{o2} \tag{3-13}$$

$$i_2 \leq (p_0 + \tau - p - c_2) q + (1 - x^{-1}) c_{o2} - \partial_2 \tag{3-14}$$

$$q \geq \frac{i_2 + \partial_2 - c_{o2}}{\tau + p_0 - p - c_2} + \frac{c_{o2}}{(\tau + p_0 - p - c_2) x} \tag{3-15}$$

$$p_0 \geq p + c_2 - \tau + \frac{i_2 x + \partial_2 x + (1 - x) c_{o2}}{q x} \tag{3-16}$$

$$c_{o2} \leq \frac{(-pq - i_2 - c_2 q - \partial_2 + \tau q) x}{(1 - x)} \tag{3-17}$$

$$\partial_2 \leq (-p - c_2 + \tau) q - i_2 + p_0 q + (1 - y^{-1}) c_{o2} \tag{3-18}$$

从式（3-12）至式（3-18）可以得出，下游企业选择进入网络条件为：为促进下游企业充分利用废弃物作为原材料，政府激励措施需提高到一个合理的标准，才能使下游企业选择进入策略；废弃物收购价格必须有个上限，才能控制废弃物作为原材料的成本，同时必须具有足够规模和稳定供应量；适当地提高自然原材料市场价格，确保投资废弃物的价值；进入可能带来的机会损失在可控制的风险范围之内；单位交易成本不能太大；技术上可行，经济上的合理体现在单位副产品处理费用有上限。

根据式（3-4）、式（3-6）、式（3-7）、式（3-15）、式（3-16）、式（3-18）可以得到上下游企业同时选择进入策略时协作条件为：

$$q \geq Max\left[\frac{i_1 + \partial_1 - c_{o1}}{p - c_1 + w} + \frac{c_{o1}}{(p - c_1 + w) y}, \frac{i_2 + \partial_2 - c_{o2}}{\tau + p_0 - p - c_2} + \frac{c_{o2}}{(\tau + p_0 - p - c_2) x}\right] \tag{3-19}$$

$$c_1 - w + (i_1 + \partial_1) q^{-1} + (y^{-1} - 1) q^{-1} c_{o1} \leq p \leq \tau + p_0 - c_2 - (i_2 + \partial_2) q - (x^{-1} - 1) q^{-1} c_{o2}$$
$$\tag{3-20}$$

$$\frac{\partial_1}{\partial} + \frac{\partial_2}{\partial} = 1 \tag{3-21}$$

说明在合作过程中，合作双方协作确定废弃物的价格、供应量和交易成本的分配。要求在区域内具有能够确保上下游企业实现盈亏平衡的最低供应量；废弃物价格在上下游企业都可接受的区间范围内；合理的分担交易成本是企业间合作协调的重要因素，太高的交易成本导致企业选择不进入策略。

三、工业废弃物循环利用网络维持合作要素条件

经过形成阶段合作,双方企业对形成阶段合作进行反复利益评价,并对自身发展进行重新定位及重新审视合作战略,决定是继续合作还是退出网络。与形成阶段仅仅考虑合作初始条件与预期价值不一样,持续合作阶段除了要考虑前期废弃物价格、供应量、废弃物的处理成本、生产规模、交易成本外,还需要考虑声誉、租金收益、转移成本及沉淀成本。循环网络上下游企业按照前期的合作,综合判断整体网络内企业声誉。工业废弃物循环利用网络与供应链联盟不同,供应链不受区域的影响,循环网络受区域的限制,且强调区域合作,网络连接方式是多维的,如管理者私人关系的连接、社区的连接、社会团体的连接、经济连接和共享基础设施等,且声誉将对本地合作企业发挥着巨大的作用;反之,不良好的声誉将会在该地区受到巨大的惩罚。在此条件下,往往合作企业都会做出社会最优选择,所以声誉在循环网络内发挥良性合作的推动作用,且良好声誉对租金收益有较大影响。所以设置维持阶段重要权衡指标时,综合考虑形成阶段利益平衡,增加转移成本和租金收益,转移成本用沉没成本、机会损失来衡量。

1. 博弈参数假设及收益矩阵

在形成阶段参数设置的基础上,上下游企业沉没成本分别用 c_{s1} 和 c_{s2} 表示,机会损失分别用 c_{o1}' 和 c_{o2}' 表示,租金收益指网络的正外部效应给双方带来的额外收益增量,分别用 r_1 和 r_2 表示上下游企业的租金收益,m 和 n 表示上下游企业的合作可能性,得到发展阶段的收益矩阵如表 3-9 所示。

表 3-9 工业废弃物循环网络维持阶段合作的收益矩阵

		下游企业	
		n 不退出	$1-n$ 退出
上游企业	m 不退出	$pq+r_1-i_1-c_1q-\partial_1$ $-pq+r_2-i_2-c_2q-\partial_2+\tau q$	$-wq-c_{s1}-c_{o1}'$ $-p_0q-c_{s2}$
	$1-m$ 退出	$-wq-c_{s1}$ $-p_0q-c_{s2}-c_{o2}'$	$-wq-c_{s1}$ $-p_0q-c_{s2}$

2. 网络维持阶段上下游企业实现均衡的要素条件

根据上述收益矩阵，可以清晰地得到上游企业采取合作行为的收益期望值为：

$$U_{1C}^2 = (pq+r_1-i_1-c_1q-\partial_1)n+(-wq-c_{s1}-c_{o1}')(1-n) \tag{3-22}$$

上游企业采取不合作行为的期望收益为：

$$U_{1D}^2 = (-wq-c_{s1}) \cdot n+(-wq-c_{s1}) \cdot (1-n) \tag{3-23}$$

同理得到进化阶段上游企业合作均衡条件：

$$w \geq c_1-p+(i_1-r_1-c_{s1})q^{-1}+\frac{\partial_1+c_{o1}'}{qn} \tag{3-24}$$

$$c_{o1}' \leq \frac{(p-c_1+w)qn+(r_1-i_1-\partial_1+c_{s1})n}{(1-n)} \tag{3-25}$$

$$q \geq \frac{r_1-i_1-\partial_1+c_{s1}}{p-c_1+w}-\frac{(1-n)c_{o1}'}{(p-c_1+w)n} \tag{3-26}$$

$$i_1 \leq (p-c_1+w)q-\partial_1+r_1+c_{s1}+c_{o1}'(1-n^{-1}) \tag{3-27}$$

$$p \geq c_1-w+(i_1-r_1+\partial_1-c_{s1})q^{-1}+(n^{-1}-1)q^{-1}c_{o1}' \tag{3-28}$$

$$\partial_1 \leq (p-c_1+w+r_1)q-i_1+c_{s1}+(1-n^{-1})c_{o1}' \tag{3-29}$$

$$c_1 \leq p+w-(i_1+\partial_1-r_1-c_{s1})q^{-1}-(1-n)q^{-1}n^{-1}c_{o1}' \tag{3-30}$$

$$c_{s1} \geq (c_1-p-w)q-r_1+i_1+\partial_1+(1-n)n^{-1}c_{o1}' \tag{3-31}$$

$$r_1 \geq (c_1-p-w)q+i_1+\partial_1+(1-n)n^{-1}c_{o1}'-c_{s1} \tag{3-32}$$

从式（3-22）到式（3-32）可以看出上游企业继续合作的条件为：单位排污费用、初始投资、废弃物价格、交易成本、机会损失、处理成本与形成阶段条件方向一致，但程度不等，即单位排污费用继续保持一定的高压态势，初始投资的门槛依然不能太高，废弃物的价格必须高于生产成本和交易成本，机会损失及风险不能太高，生产成本必须小于一定的幅度。从新增指标来看，按照成本推动和效益拉动的思维，经过初始阶段合作后，合作租金收益必须有一定的下限，沉淀成本有一定的下限，保持高退出成本和转移成本的态势，确保上游企业继续合作。

同理可得废弃物处理的下游企业合作收益期望值：

$$U_{2C}^2 = (-pq+r_2-i_2-c_2q-\partial_2+\tau q+p_0q+c_{s2}+c_{o2}')m-p_0q-c_{s2}-c_{o2}'$$

下游企业采取不合作行为的期望收益为：

$$U_{2D}^2 = (-p_0q-c_{s2}) \cdot m + (-p_0q-c_{s2})(1-m)$$

下游企业各参数的均衡条件为：

$$\tau \geq p-p_0+c_2+(i_2-r_2+\partial_2-c_{s2})q^{-1}+(m^{-1}-1)q^{-1}c_{o2}' \tag{3-33}$$

$$p \leq \tau+p_0-c_2+(r_2-i_2-\partial_2+c_{s2})q-(m^{-1}-1)q^{-1}c_{o2}' \tag{3-34}$$

$$i_2 \leq (p_0+\tau-p-c_2)q+(1-m^{-1})c_{o2}'-\partial_2+r_2+c_{s2} \tag{3-35}$$

$$q \geq \frac{i_2-r_2+\partial_2-c_{s2}}{\tau+p-p_0-c_2}+\frac{(1-m)c_{o2}'}{(\tau+p_0-p-c_2)m} \tag{3-36}$$

$$p_0 \geq p+c_2-\tau+(i_2+\partial_2-r_2-c_{s2})q^{-1}+\frac{1-m}{m}q^{-1}c_{o2}' \tag{3-37}$$

$$c_{o2}' \leq \frac{(-pq-i_2-c_2q-\partial_2+r_2+p_0q+c_{s2}+\tau q)m}{(1-m)} \tag{3-38}$$

$$\partial_2 \leq (-p-c_2+\tau+p_0)q-i_2+r_2+c_{s2}+(1-m^{-1})c_{o2}' \tag{3-39}$$

$$c_{s2} \geq (p+c_2-p_0-\tau)q-r_2+i_2-\partial_2+(1-m)m^{-1}c_{o2}' \tag{3-40}$$

$$r_2 \geq (p+c_2-p_0-\tau)q+i_2-\partial_2+(1-m)m^{-1}c_{o2}'-c_{s2} \tag{3-41}$$

从式（3-33）到式（3-41）可以看出下游企业继续合作的条件为：政府激励、废弃物价格、自然原材料价格、初始投资、交易成本、废弃物供应量与形成阶段条件方向一致，但程度不等；且合作租金收益不低于一定标准，沉淀成本有一定的下限，确保继续留在网络内有利可图。

3. 网络维持阶段企业间协作条件

根据上述计算，可以确定上下游企业间可协作的条件为：

$$c_1-w+(i_1-r_1+\partial_1-c_{s1})q^{-1}+(n^{-1}-1)q^{-1}c_{o1}' \leq p \leq \tau+p_0-c_2+(r_2-i_2-\partial_2+c_{s2})q-(m^{-1}-1)q^{-1}c_{o2}' \tag{3-42}$$

$$q \geq Max\left[\frac{r_1-i_1-\partial_1+c_{s1}}{p-c_1+w}-\frac{(1-n)c_{o1}'}{(p-c_1+w)n}, \frac{i_2-r_2+\partial_2-c_{s2}}{\tau+p-p_0-c_2}+\frac{(1-m)c_{o2}'}{(\tau+p_0-p-c_2)m}\right] \tag{3-43}$$

$$\frac{\partial_1}{\partial}+\frac{\partial_2}{\partial}=1 \tag{3-44}$$

$$\frac{r_1}{r}+\frac{r_2}{r}=1 \tag{3-45}$$

从式（3-42）到式（3-45）可以清晰地看出，价格需在一定的区间范围内，且有足够废弃物的供应量，合理分摊交易成本及租金收益。建立稳定废弃物供应网络，确保从事废弃物经营的企业在一段较长时间内能够有足够的经营规模；建立废弃物的价格规制体系和合理的价格调控机制，确保废弃物的价格在一定范围内的波动，有效地保持废弃物与自然原材料的价格落差；完善基础设施建设，降低初始投资的成本；降低交易成本，合理地协调参与资源综合利用企业之间的利益。

四、网络可持续发展的要素条件

依据形成和维持两阶段合作条件，遵循企业选择进入且不退出网络的动态思维，结合上下游企业内外在综合条件，网络可持续发展条件如下：

$$q \geq \text{Max}\left[\frac{r_1-i_1-\partial_1+c_{s1}}{p-c_1+w}-\frac{(1-n)c_{o1}'}{(p-c_1+w)n}, \frac{i_2-r_2+\partial_2-c_{s2}}{\tau+p-p_0-c_2}-\frac{(1-m)c_{o2}'}{(\tau+p_0-p-c_2)m}, \frac{i_1+\partial_1-c_{o1}}{p-c_1+w}-\frac{c_{o1}}{(p-c_1+w)y}, \frac{i_2+\partial_2-c_{o2}}{\tau+p_0-p_0c_2}-\frac{c_{o2}}{(\tau+p_0-p-c_2)x}\right]$$

$$（3-46）$$

$$p \geq \text{Max}\{c_1-w+(i_1+\partial_1)q^{-1}+(y^{-1}-1)q^{-1}c_{o1}, c_1-w+(i_1-r_1+\partial_1-c_{s1})q^{-1}+(n^{-1}-1)q^{-1}c_{o1}'\} \text{ 且}$$

$$p \leq \text{Min}\{\tau+p_0-c_2+(r_2-i_2-\partial_2+c_{s2})q-(m^{-1}-1)q^{-1}c_{o2}', \tau+p_0-c_2-(i_2+\partial_2)q-(x^{-1}-1)q^{-1}c_{o2}\}$$

$$（3-47）$$

$$i_1 \leq \text{Min}\{(p-c_1+w)q-\partial_1+c_{o1}(1-y^{-1}), (p-c_1+w)q-\partial_1+r_1+c_{s1}+c_{o1}'(1-n^{-1})\}$$

$$（3-48）$$

$$i_2 \leq \text{Min}\{(p_0+\tau-p-c_2)q+(1-x^{-1})c_{o2}-\partial_2, (p_0+\tau-p-c_2)q+(1-m^{-1})c_{o2}'-\partial_2+r_2+c_{s2}\}$$

$$（3-49）$$

$$p_0 \geq \left\{p+c_2-\tau+\frac{i_2x+\partial_2x+(1-x)c_{o2}}{qx}p_0, p+c_2-\tau+(i_2+\partial_2-r_2-c_{s2})q^{-1}+\frac{1-m}{m}q^{-1}c_{o2}'\right\}$$

$$（3-50）$$

$$\frac{\partial_1}{\partial}+\frac{\partial_2}{\partial}=1$$

$$\frac{r_1}{r}+\frac{r_2}{r}=1$$

$$w \geqslant Max\left\{ c_1 - p + (i_1 - r_1 - c_{s1})q^{-1} + \frac{\partial_1 + c'_{o1}}{qn}, c_1 - p + (i_1 - c_{o1} + \partial_1)q^{-1} + (y_{-1} - 1)c_{o1}q^{-1}\right\}$$

$$(3-51)$$

$$\tau \geqslant Max\left\{ p_0 - p - c_2 - (i_2 + \partial_2)q^{-1} - (x^{-1} - 1)q^{-1}c_{o2}, p - p_0 + c_2 + (i_2 - r_2 + \partial_2 - c_{s2})q^{-1} + (m^{-1} - 1)q^{-1}c'_{o2}\right\}$$

$$(3-52)$$

$$c_{s1} \geqslant (c_1 - p - w)q - r_1 + i_1 + \partial_1 + (1-n)n^{-1}c'_{o1} \qquad (3-53)$$

$$c_{s2} \geqslant (p + c_2 - p_0 - \tau)q - r_2 + i_2 - \partial_2 + (1-m)m^{-1}c'_{o2} \qquad (3-54)$$

从数据可以看出：

（1）废弃物供应规模有下限。废弃物供应量≥固定成本总额/（单位废弃物收益－单位废弃物处理成本），表明废弃物供应量必须大于或等于投资废弃物处理的盈亏平衡点，既能满足合作条件，又能满足持续条件。

（2）废弃物价格在一定区间范围内。废弃物供应企业出售价格有下限：废弃物价格≥平均经营成本＋平均机会损失－单位排污费用，这说明在考虑单位排污费用的情况下，废弃物价格有可能不能完全弥补平均经营成本，但所获平均收益依然大于或等于直接排放废弃物带来的惩罚。下游企业合作的价格条件有上限：废弃物价格≤原材料价格＋政府补贴－平均经营成本－平均机会损失，这表明购买并加工处理废弃物作为原材料，废弃物的价格必须有个上限。

（3）投资总额有上限。投资总额≤投资总收益－交易成本－机会损失；这说明在其他条件不变的情况下，初始投资必须小于或等于长期投资的净收益，确保投资废弃物的收益优于其他选择。

（4）新材料价格有下限。新材料价格必须大于再生原材料，否则下游企业选择放弃合作。

（5）合理分配租金收益及交易成本。合理地共享租金收益及承担交易成本，有助于减少企业间的经营摩擦，降低交易成本。交易成本有上限。

（6）单位处理成本有下限。技术决定废弃物处理的单位处理成本，单位处理成本有下限，且需要有不断下降的趋势。

（7）风险管理。机会损失和转移成本有上限，机会损失≤投资废弃物的净收益×合作的可能性。在形成期，机会损失必须控制在一定幅度内，机会直接受到工业废弃物循环利用网络的参与方对合作与否的预期判断的影响。转移成本有下限，说明退出成本有限制，表明企业对退出风险的关注。

（8）政府支持有下限。政府补贴≥投资废弃物的总平均成本-自然材料购买价格。这表明政府给予下游企业的补贴必须足够补偿投资废弃物新增的成本与自然原材料价格之差。

（9）环境压力。单位排污费用≥单位废弃物处理成本+单位投资+单位交易成本+平均机会损失-平均收益，说明在其他条件不变的情况下，单位排污费用标准不能低于平均成本与平均收益之差。

本章小结

本章主要对影响工业废弃物循环利用网络利益因素进行理论与实证研究，以鄱阳湖生态经济区工业园内的企业为样本，采用因子分析法进行研究，研究结果表明影响鄱阳湖生态经济区工业废弃物循环网络内企业利益最主要因素为政府支持和直接经济利益、人际关系、地理条件、技术因素、环境压力、循环链、管理及风险因素。维持企业间持续合作要素约束条件为：废弃物供应量有下限、价格必须在一定的区间范围内，初始投资有上限，新材料的价格有下限，单位处理成本具有一定的上限，交易成本有上限且受承担系数的影响，排污成本和政府支持必须在一定值以上，机会损失分析必须小于投资净收益与合作可能性的乘积，租金收益不低于一定标准且需要合理分配。若关键要素条件被突破，将可能导致发生企业间冲突。

第四章 工业废弃物循环利用网络企业间利益冲突

第三章研究发现利益关系紊乱及关键因素约束条件的突破，将导致发生企业间利益冲突，遵循此逻辑思路，本章进一步研究网络内企业间利益冲突的内涵、类型及形成路径，为下一章利益协调机制研究提供基础。

第一节 工业废弃物循环利用网络企业间利益冲突内涵及类型

一、利益冲突的内涵及分类

马克思、恩格斯指出："一切历史冲突都根源于生产力和交往形式之间的矛盾。"从唯物论的观点，可以清晰地看出冲突是客观存在，其广泛存在于社会生活的各个领域，无论是微观层面还是宏观层面，无论是经济组织还是社会组织，无论是正式组织还是非正式组织。组织冲突是指两个以上组织在相互作用中同时出现不相容或对立的目标动机、行为、态度的过程。组织冲突是客观存在，甚至是不可避免的，组织必须尽可能把组织冲突限制在一定的控制范围内。利益冲突是指不同的利益主体在争取利益过程中所发生的冲突，并在获取利益的过程中，激化彼此之间矛盾所表现出来一种对抗性互动过程（张玉堂，2001）[①]。

[①] 张玉堂. 利益论——关于利益冲突与协调问题的研究 [M]. 武汉大学出版社，2001.

Deshon Richard P. 等（2004）将冲突分为任务冲突和关系冲突，进一步把任务冲突分为结果冲突和过程冲突①。利益冲突有纵向冲突和横向冲突之别，纵向利益冲突是指不同层次的主体在实现自身利益的过程中，彼此之间所发生的利益冲突；横向利益冲突是指相同层次的不同利益主体在实现各自利益的过程中所发生的彼此之间的冲突，横向与纵向冲突交错，从而形成了复杂利益冲突网络（张玉堂，2001）。Goldman（1966）将组织间冲突分为结构性冲突与经营性冲突。结构性冲突涉及治理关系的规则，发生在基础关系共识不一致，是原则问题上的冲突，受外部条件约束，合作者可能意识有一定的冲突，但短期内难以改变；经营性冲突涉及这些规则的解释和应用，该类冲突是在经营过程中合作方坚持基本准则下发生，经营性冲突引起的内部运行冲突，是在处理关系过程中产生的冲突，如任务预期、角色定位等②，结构性冲突是经营性冲突的主要来源之一。Joseph J. Molnar 和 David L. Rogers（1979）认为相互依赖是组织间产生结构和运营冲突的主要来源，结构性冲突指组织间既定关系冲突，运营冲突是指在合作过程中出现的协商性冲突③。

二、利益冲突特点

工业废弃物循环利用网络中企业间利益冲突是指围绕废弃物综合利用，两个或两个以上企业彼此之间在某种程度的行为或目标不相容或对立，所产生的矛盾在持续经营过程中积累到一定程度所表现出的一种不和谐状态。工业废弃物循环利用网络是共生联盟性组织，其冲突既体现网络组织中一般性冲突，又具有共生系统的特殊性冲突，由于参与废弃物循环利用企业的异质性，不同利益主体在不同的利益关系和网络运行不同环节所承担的分工、责任和收益不同，且各成员企业有着不相同的利益、目标、企业文化、运作模式、核心业务和能力等，异质性非常鲜明，成员企业之间是相互独立的，既没有严格的组织

① Deshon R. P., Kozlowskiswj, Schmidtam et al., A Multiple-Goal, Multilevel Model of Feedback Effects on the Regulation of Individual and Team Performance [J]. Journal of Applied Psychology, 2004, 89 (6): 1035-1056.

② Goldman R. M. A Theory of Conflict Processes and Organizational Offices [J]. Journal of Conflict Resolution, 1966 (10): 328-343.

③ Joseph J. Molnar and David L. Rogers. A Comparative Model of Interorganizational Conflict [J]. Administrative Science Quarterly, 1979, 24 (3): 405-425.

保障和约束，也缺乏充分有效的市场纽带，具有典型的委托代理关系特征，并存在明显的机会主义风险、集体理性与个体理性的冲突等。另外，"生态锁定"、资产的专用性、副产品及关联投资价值、外部性及公共性、市场结构、规制政策等都会导致企业间的冲突。而这些冲突导致循环链难以建立，甚至导致已建立的循环链断裂。

冲突特点体现为如下五个方面：第一，从冲突方向来看，既包含上下游企业间围绕废弃物供给和需求之间的纵向冲突，又包含废弃物开发上游或下游企业间的横向冲突；第二，从冲突范围来看，不仅仅表现为彼此互相依赖的上下游企业间的冲突，还包含与政府、社区等其他非营利性组织的冲突；第三，从盈利性特征来看，主要表现为利益冲突，其他非盈利性冲突通过外部收益内部化和间接传导等形式转化为利益冲突；第四，从经营过程来看，既存在相对对立，又存在相互合作，为此，不仅仅表现为合作中的冲突，同时表现为竞争性冲突；第五，从冲突构成来看，既包含企业主体之间的冲突，又包含资源、利益、经营目标、企业间关系等客体冲突。

第二节　工业废弃物循环利用网络企业间利益冲突类型及来源

一、工业废弃物循环利用网络企业间利益冲突来源

依据"利益冲突来源—利益冲突类型—利益冲突演化"分两条路径展开研究（见图4-1）。路径一：受基础条件影响，企业间建立了结构性利益关系，而根本利益关系将可能导致结构性冲突产生，具体表现形式为组织结构冲突、彼此依赖冲突、市场结构冲突、公共性冲突，利益冲突都根源于利益的关键影响因素，这些因素作用于利益关系，利益关系作用于组织模式，组织模式驱动网络结构的变化，利益关系导致冲突具有结构性特征，受外部条件约束，合作方短期内难以改变，演化条件为关键因素重大突破，容易对循环网络产生较大震荡。路径二：经营过程中关键利益影响因素导致企业间利益冲突，维持网络

中企业间合作的关键要素需要具备一定约束条件，若有效合作条件被打破，将直接导致经营性冲突产生，具体表现为直接经济利益冲突、机会主义冲突、战略调整冲突、关系冲突、彼此差异冲突、任务冲突、技术冲突及过程冲突，经营性冲突的演化为动态调整的结果。

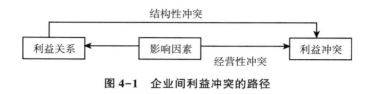

图 4-1　企业间利益冲突的路径

二、工业废弃物循环利用网络的结构性冲突

1. 组织结构冲突

工业废弃物循环利用网络共生组织模式为平等型和依托型两种组织结构，不同网络结构，其背后是不同利益关系。平等型网络中任何一个企业都无法支配网络内全部资源，协商机制大于组织间权威机制，长期契约是成员企业间的主要协调及运行手段，企业间的利益产出贡献不能差距太大，保持利益均衡对等是网络长期合作重要砝码，一旦网络中某企业经营不善，或经营出现质的飞跃，都有可能导致网络瓦解。以核心企业为主的依托型共生网络，核心企业主宰着整个网络运行，占有资源比重比较高，核心企业对中小企业利益贡献比较大。对于非核心企业来说，若它对核心企业贡献增长快，就会因为影响到核心企业利益而产生冲突，导致合作关系破裂，或成为以自身为中心的依托型共生网络，原来的结构被打破，网络就从单核心演变为多核心型循环网络；反之，当核心企业资源分散化，依托型共生网络就会向平等型网络转化。但任何结构调整，都可能导致结构震荡，产生企业间利益冲突。

2. 市场结构冲突

循环链的冲突主要指围绕废弃物综合利用的上下游企业之间的冲突，主要体现在如下两个方面：第一，供求关系冲突。这是指废弃物产品市场供求关系不平衡导致的废弃物供应企业与消费企业之间冲突。当供大于求时，废弃物供应企业面临废弃物处理环境压力和下游企业市场势力双重压力下的重新选择；

当供不应求时，废弃物消费企业面临废弃物供应商的再选择和重新启用自然原材料的双重选择；供求不平衡的状况，导致上下游企业间的合作冲突。第二，主副产品市场的联动冲突。上游企业主副产品市场双边垄断及主产品市场单边控制的结果导致废弃物产量缩减、价格提高，致使废料加工企业投资需求不足，造成设备的闲置；下游企业双边垄断、废料市场单边控制导致废料价格下降，中小回收商退出网络。双边多元竞争型产品市场与原料市场竞争激励，利益难以保证。

3. 彼此依赖冲突

Thompson（1967）指出彼此依赖可分为集合依赖、顺序依赖和相互依赖，其中集合依赖潜在冲突可能性较低、顺序依赖次之，相互依赖潜在冲突最高[①]。Pfeffer 和 Salancik（1978）强调外在资源联系的渠道决定了组织和环境之间的依赖性[②]。从工业废弃物循环利用层次来看，集合依赖表现为围绕核心企业的资源开发利用，核心企业行为规模与实力较大，其他小组织单向依赖于核心企业，网络核心可能是废弃物集中提供者、公共基础设施提供者等，由于受核心企业权威影响，废弃物产生冲突的可能性较低；顺序依赖表现为循环链式的单向依赖，由废弃物上下游企业可以察觉到的资源决定，废弃物资源稀缺性越高、开发难度越大和资源替代性越低，彼此之间发生的冲突越大，反之亦然；相互依赖主要是废弃物的提供者、消费者、开发者、基础设施提供者、中介服务等主体彼此之间形成"纵向闭合，横向耦合"的网络连接，合作范围包括废弃物的开发利用、共享基础设施、能源梯级利用等，网络结构复杂，彼此双向依赖且依存度高，信息来源多样，产生冲突可能性大。彼此依赖关系将导致利益关系发生变化，如集合依赖表现为寄生关系，一个企业以另一个企业为寄生，并对另一企业产生负面冲突影响；彼此依赖可能为双向负贡献，即企业间彼此互相排斥、冲突不断彼此间互相负激励。

4. 公共性冲突

由于生态产品的外部性及公共性，按照市场交易供需要求建立标准，往往促使环境资源过度开发，造成大量环境污染，形成资源开发与废弃物排放冲

① Thompson, J. Organizations in Action. McGraw Hill［M］. New York, NY, 1967.

② J Pfeffer, GR Salancik. The External Control of Organizations: A Resource Dependence Approach［M］. Harper and Row Publishers, 1978.

突。纯粹由市场自发调节，难以保证合作伙伴利益最大化，实现社会的公平及效益，尤其是生态市场的外部性及公共性特征，导致社会成本与私人成本、社会收益与私人收益之间的某种偏离，致使公共收益与私人收益冲突，难以实现市场的资源配置最优化。低效率市场的不完全性、公共性、达不到最优均衡、代际问题等经济系统的缺陷，导致循环经济利益主体冲突。

三、工业废弃物循环利用网络经营性冲突

经营性冲突指网络运行过程中产生的冲突，该类冲突主要由经营要素条件突破而形成，不是根本关系冲突，可以在经营过程中动态调整，但影响企业间的合作经营，主要包含直接经济利益冲突、机会主义冲突、战略调整冲突、关系冲突、彼此差异冲突、任务冲突、技术冲突及过程冲突。

1. 直接经济利益冲突

工业废弃物循环利用网络中成员企业利益冲突客观存在，具体表现为：首先，企业会在利用副产品和工业废弃物发生的费用、购买新的原料和直接排放废弃物费用之间权衡，如果处理成本太高而没有经济利益，即使技术上可行，企业也不会采取合作策略，且由于原材料的市场波动性，一定技术经济条件下的成本效益失衡，废弃物变为有用资源的再生成本比购买新资源的价格更高，企业放弃废弃物的使用，造成关系链的断裂，从而导致合作企业之间的利益冲突；其次，按照生态运行方式和生态标准建立工业和生活废弃物的回收、处理与资源化系统，往往存在投资规模大、回收期长、高贴现、低资源增长等问题，导致废弃物供应的上游企业和废弃物处理的下游企业以及政府之间的利益关系存在明显冲突，废弃物处理设备闲置与缺乏并存，既得利益企业与争取利益企业之间利益关系冲突等；最后，利益分配不合理等也是循环网络推进的主要冲突，如交易成本的分担不合理、租金收益分配不合理等。

2. 机会主义冲突

由于契约不完全性，成员企业之间是相互独立的，且不同企业所属产业的多样性，各方为废弃物经营进行大量专用性投资，且多数废弃物综合利用企业往往在空间布局上比较集中，为此，资产专用性和区域邻近性导致"锁定效应"，如果某个企业外部市场发生急剧变动，可能会采取不利于共生体系的投资行为，从而导致"敲竹杠"的机会主义行为发生，进而产生利益冲突。

3. 战略调整冲突

一方面，企业应变能力因素产生的冲突，上下游企业技术变更、工艺调整、市场应变、人员调整等应变能力决定了企业间的衔接、匹配的适应性，同时也会影响合作风险和收益，上述因素也会直接影响运营转换成本及结构风险，从而产生冲突。另一方面，由于政策的变化，导致企业经营战略的调整，致使企业间合作破裂。参与工业废弃物循环利用的企业往往根据地方和行业标准，选择废弃物最佳去向及用处，一旦环境标准发生变化，致使下游企业废弃物处理难以达到环境标准，下游企业与上游企业长期合作契约难以执行。

4. 关系冲突

关系冲突最初在企业内主要研究人际关系或个性摩擦导致人与人之间的矛盾产生[1]，后来逐步研究组织内外不同群体之间关系冲突。受企业内部动机驱使，企业家偏好、企业家理念、信誉和社会责任等都可能影响合作双方利益。同样，企业间关系、经理人员关系、网络和网络间关系、人际依赖、关系锁定这些社会资本会影响循环网络的运行（Weslynne Ashton，2008）[2]，并产生关系冲突。

5. 彼此差异冲突

工业废弃物循环利用网络成员企业彼此间目标、认识、角色、信息差异是冲突形成的直接原因，各成员企业目标正相关就会合作、负相关就会对抗；循环经济网络组织中副产品交换和能量梯级利用受到生态产业链、市场、地域距离、产业分布、技术革新、企业数目和类型、节点企业经营状况、政策环境变化等诸多因素影响（Chertow M. R.，2000；Teresa Doménech 和 Michael Davies，2011）[3][4]，且参与废弃物综合利用的企业往往属于跨产业，成员企业经营目

---

① Menon A, Bharadwaj SG, Howell R. The Quality and Effectiveness of Marketing Strategy：Effects of Functional and Dysfunctional Conflict in Intraorganizational Relationships［J］. Journal of the Academy of Marketing Science，1996，24（4）：299-313.

② Weslynne Ashton. Understanding the Organization of Industrial Ecosystems［J］. A Social Network Approach. Journal of Industrial Ecology，2008，12（1）：34-51.

③ Chertow M. R. Industrial Symbiosis：Literature and Taxonomy［J］. Annual Review of Energy and the Environment，2000（25）：313-337.

④ Teresa Doménech，Michael Davies. The Role of Embeddedness in Industrial Symbiosis Networks：Phases in the Evolution of Industrial Symbiosis Networks［J］. Business Strategy and the Environment，2011（20）：281-296.

标、企业文化、运作模式、核心业务等差异性强，网络运行不同环节所承受收益和责任不同，这些差异性在合作初期就会表现出初始条件难以达成一致，进而导致经营过程中冲突难以协调。

6. 任务冲突

工业废弃物循环利用网络中成员企业分工固化、直接参与权的丧失、任务差异导致冲突产生，任务冲突包含分工冲突及任务执行冲突两方面内容。任务分工冲突是由于合作方地位不平等、优劣有差异，任务分工不公平造成冲突；任务执行冲突是在废弃物循环利用过程中，为了实现资源流畅循环运转，不同节点企业操作造成偏差，从而导致与其他企业利益冲突。

7. 技术冲突

首先，企业技术需求因素导致的冲突，核心产品工艺稳定性、副产品质量标准、技术成本与效率都会影响合作方式及组织形态；原料最好用处、不同能源流向、技术变化时间和周期、技术锁定和次优问题会导致企业间冲突加剧（Bertha Maya Sopha 等，2009）[1]。其次，参与工业废弃物循环利用企业根据地方和行业的标准，选择废弃物最佳去向及用处，但废弃物价值、利用难度和用途等属性难以判断，且存在一定程度信息不对称，在实际运营过程中交易成本过高，产生合作不稳定性。网络演进从单一企业向企业共生，从单一产业到产业多样性进化过程中，上下游企业相互依赖性，彼此对原料质量有严格要求，涉及大量的信息保护和信息交换，造成信息不对称，缺乏适应生态化的合理依据和标准，各经济主体难以辨别产品质量优劣，促使道德风险和逆向选择的产生。

8. 过程冲突

企业内过程冲突主要指为实现特定目标不同群体执行方法的差异造成的矛盾[2]，本书中把过程冲突进一步拓宽到整个网络发展过程。工业废弃物循环利用网络不同发展阶段冲突集中体现，在网络合作的不同阶段冲突的内容及强度

---

① Bertha Maya Sopha, Annik Magerholm Fet, Martina Maria Keitsch, and Cecilia Haskins. Using Systems Engineering to Create a Framework for Evaluating Industrial Symbiosis Options [J]. Systems Engineering, 2009（9）：149-160.

② Amason AC. Distinguishing the Effects of Functional and Dysfunctional Conflict on Strategic Decision Making: Resolving a Paradox for Top Management Teams [J]. Journal of Acadamy Management, 1996, 39（1）：123-148.

有所差异，尤其是在成长阶段和衰退阶段冲突比较明显。导入阶段企业投入大量的资金与设备，对合作方的预期分歧比较大，企业制度及文化差异较大，信任关系未建立，该阶段冲突的频率及强度较高；成长阶段合作方依据最初制定的合作条件、利益分配、任务定义、合作规则、界面结构、合作目标、行为动机进行实质磨合，在冲突中不断调整合作条件和合作方式，确保各自合作的利益目标；成熟阶段企业间利益冲突强度及频度相对较低，合作路径依赖性强，合作模式相对稳定；革新或衰退阶段，由于涉及业务调整、工艺创新或企业退出，循环网络面临动态调整，打破原有的合作模式及路径依赖，冲突强度陡然上升。

四、结构性冲突与经营性冲突聚类组合

显然，工业废弃物循环利用网络中企业之间利益冲突来源往往受多因素组合影响，结构性冲突是经营性冲突的主要来源之一。为此，本书对结构性及经营性冲突依据程度进行分类组合，组合结果见图4-2。

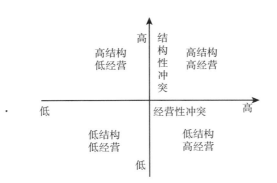

图4-2 结构性及经营性因素组织

高结构及高经营性冲突。该类冲突表现为强冲突，冲突范围比较大，利益冲突强，先天性的结构冲突。例如，历史形成过程中的网络类型冲突、制度的结构性冲突以及产业链方向的冲突，网络形成固定缺陷，短期内难以调和。经营准则没有建立，企业间存在较大的互斥性，短期的经营性调整难以解决系统的结构问题。该类冲突有较大的破坏性，往往限制工业废弃物循环利用网络的发展，甚至会导致网络的瓦解。

高结构及低经营性冲突。该类冲突表现为客观条件造成或网络内的成员难以自身解决，但由于经营环境尚可，在短期内通过合理的治理机制，可以适度地抑制结构性冲突的破坏力，虽然短期内适度地降低了结构性冲突的破坏力，冲突方双方容忍性强，但是，长期来看，网络发展的障碍难以从根本上解决，冲突的风险系统依然较大，从根本上网络的发展空间受限。

低结构及高经营性冲突。该类型的冲突表明网络的发展环境较好，不存在制约网络发展的根本性障碍，但经营准则、技术条件、利益机制、治理水平的限制，存在运行过程中的一些障碍。该类冲突需要建立以利益为中心的协调机制，推进管理水平的改善，具有较好的发展空间。

低结构及低经营性冲突。该类型说明工业废弃物循环网络的发展条件较好，建立了良好的契约关系，合作氛围较好，表现为相对成熟的循环网络，合理的建设性冲突，有利于企业之间的合作经营。

第三节　工业废弃物循环利用网络企业间利益冲突的演变

依据利益关系及关键因素产生冲突的两大路径，本书继续研究结构性冲突与经营性冲突的演化。结构性冲突短期内难以调整具有明显的趋势性；经营性冲突经过合作方短期内调整，冲突协调的结果即时产生作用，变化方向具有多样性。

一、结构性冲突的演变

1. 组织结构冲突的演变

无核心企业平等型网络利益共生贡献在一定范围内，维持企业资源互补与均衡是平等型网络长期合作重要砝码，但无核心企业情况下，成员企业将激烈争夺资源，一旦网络中某些企业经营不善，都有可能导致网络瓦解。但也难免出现贡献比较大的企业，逐步过渡到以该企业为核心的单核依托型网络。同样，单核心依托型网络也可能随着企业间联系密集，出现核心资源的丧失而退回无核心平等型网络，或导致整个网络衰退，甚至瓦解。也可能由于网络中某些关键因素发生变化，演化为多核心依托型网络，组织结构冲突演变见图 4-3。随着网络成员企业的增加，交易成本也在上升，协调的难度加大，专业分工可能被企业内部的劳动分工所替代，多核心依托型共生网络可能向单核心或无核心网络演进，网络出现衰退。当企业间发生利益冲突时，企业间价格机制和科层制都难以有效协调，整个网络效益下降，而网络内企业也因为无法获得低成本或高收益而遭受损失，企业因此放弃合作而寻找其他渠道获益，上游企业通过内部化解决废弃物效益及排放问题，下游企业通过寻找替代品作为原材料。当退出网络成员较多时，网络内部分工合作的链条断裂，导致网络内分工的瓦解，合作企业缩减交易规模，或不得不退出循环网络。但由于受资产专用性等退出成本限制，企业短时间内难以退出，只有继续缩减规模，网络随着交易量的下降而衰退。

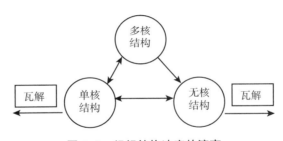

图 4-3　组织结构冲突的演变

2. 市场结构冲突的演变

市场结构的冲突主要体现在供求关系及主副产品市场的联动冲突。上游企业主副产品市场双边垄断及主产品市场单边控制的结果导致废弃物产量缩减，价格提高，致使废料加工企业投资需求不足，造成设备闲置；下游企业双边垄断、废料市场单边控制导致废料价格下降，中小回收商退出网络。当副产品市场规模下降，成员企业的协作分工水平下降，市场需求衰减，导致废弃物供应量过剩，一些下游企业被迫退出循环网络或被上游企业合并，导致上游企业放弃合作转而寻求企业内废弃物处理，网络整体绩效下降，最终导致网络专业分工向垂直一体化合作，网络结构也由平等型网络向依托型网络转化。

3. 彼此依赖关系冲突的演变

集合依赖、顺序依赖和相互依赖，其中集合依赖潜在冲突可能性较低，顺序依赖次之，相互依赖潜在的冲突最高。利益关系伴随着彼此依赖关系而发生变化，依次从寄生、偏利共生、非对称互惠共生向互惠共生转化，利益冲突也伴随利益关系的优化而降低负面影响（见图4-4）。

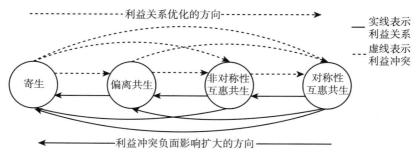

图 4-4　彼此依赖关系冲突的演变

4. 公共性冲突的演变

公共性冲突根源为废弃物资源化的成本高于购买新材料的成本，体现为生态资源的私人使用与社会付出成本的差异，加大了循环网络建设推行难度。若生态资源公共使用的社会成本大于企业私人成本，大量企业进入网络，会导致资源过度开发，且开发效率低下，社会效应与经济效应形成反差越大，环境保护与经济发展的矛盾就越大；反之则会增加企业开发成本，限制企业从事废弃物开发。另外，从网络成员角度，交通设施、信息资源和共同投资的副产品交换设备等为成员企业共同分享，难以避免"搭便车"现象，表现为企业溢出为正效应，有利于吸引企业进入网络；但若企业溢出负效应，就可能导致企业间冲突，加速网络整体价值下降。

二、经营性冲突的演变

经营性冲突是在经营过程中产生的冲突，合作方协调冲突的结果多样，导致冲突演变方向多样化。正因为合作冲突的应对策略决定了冲突的演变路径，为此，本书采用托马斯和克尔冲突演变模型来研究经营性冲突的演变。

托马斯和克尔从关注自身利益和关注他人利益构建冲突二维模式，归纳冲突产生的结果为回避、竞争、接纳、合作和妥协这5种类型。回避指目标不兼容，互动不重要，既不合作也不坚持，既不回应也不理睬；竞争指目标不兼容，都想追求特定目标，但只有一方能够实现特定目标；接纳指目标兼容但合作对于总体目标影响不大，表现为合作方的克制态度；合作指目标兼容且彼此依赖，合作方互动对于双方都很重要；妥协为双方目标既不完全兼容，也不完全相克，既难实现竞争性目标，又难实现合作目标，双方表现为尝试性互动合作，冲突反应模式见图4-5。

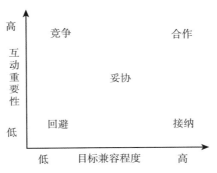

图4-5 托马斯和克尔冲突处理模式

本书假定工业废弃物循环利用网络中存在甲、乙两家企业，依据托马斯冲突反应模式，探讨企业经营性冲突的管理策略及冲突演化路径。显然，竞争和接纳表明冲突双方一胜一负，合作为双赢，回避为双输，妥协为冲突双方不输不赢的情形。假定胜用"1"表示，负用"0"表示，不输不赢用"0.5"表示，依据上述胜负状况，冲突双方胜负策略见图4-6。

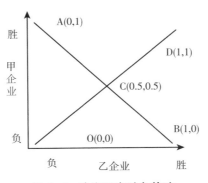

图4-6 冲突双方胜负策略

图 4-6 中纵轴、横轴表示甲、乙两家企业的胜负结果。从图示可知，双方冲突存在多种结果，冲突双方均有两种不同路径可供选择。

1. 冲突优化路径

沿着 O—C—D 路径发展，冲突双方从"负负"过渡到胜负均衡，直至双赢，满意度逐步提高，表明此路径为冲突整合方向。现实中，沿此方向演进的条件为：合作方冲突化解意愿逐步增强，容易达成一致的合作意向，如工业废弃物循环利用网络纵向利益关系中，从上下游企业各自独立处理废弃物，到逐步尝试合作，进而发展到全面的合作。

（1）人际冲突优化路径。人际冲突源于企业间不对称的信任关系，不对称的信任关系表现为信任主体彼此对合作方信任拥有的信息不对称，导致"囚徒困境"的产生，随着不信任关系的不对称程度放大，信息劣势企业合作积极性将受到抑制，长期不信任将会导致企业合作效率下降。不对称信任冲突破外力一般在合作关系的初期，随着企业经过重复合作博弈，企业间由不对称信任演化为对称信任，信任冲突逐步减少。

（2）技术冲突优化路径。循环网络上下游企业发生合作冲突后独立经营废弃物，上游废弃物供应企业受环境压力驱动，扩大废弃物处理投资，引进处理技术，但受行业领域及主营业务能力限制，始终难以达到废弃物资源化要求或难以达到废弃物排放标准，影响主营业务收入；下游企业投资了大量废弃物处理设施，技术水平先进，但由于废弃物的供应链不足，导致大量设备闲置，经营利润难以保证。显然，演变的首选方向为继续寻求冲突双方的妥协，次选择为继续独立经营，推进企业内部整合。

2. 零和分配路径

沿 A—C—B 或 B—C—A 路径发展为冲突处理的分配方向，从"甲方胜乙方负"发展为妥协，进而又发展为"乙方胜甲方负"，冲突双方开展一场零和博弈游戏，利益此消彼长，一方胜利以另一方告负为代价，整体资源难以突破，瓶颈限制明显。在依托型循环网络中，两个废弃物处理企业都依托核心企业废弃物供应，但核心企业废弃物供应总量有限，两个废弃物处理企业通过竞争的方式获取更多资源供应，一方获得资源多实现盈利，另一方因获得资源少而亏损。该情形下演变方向为：一是双输，两个废弃物处理企业通过恶性竞争获取资源，如提高收购价格，经过多次竞价后，两个企业都出现亏损；二是妥协与合作，通过制定长期收购协议或横向一体化，确保原料供应稳定性。与此相类似的有直接经济利益冲突等。工业废弃物循环利用网络中企业之间竞合关系，由于企业之间差异性，往往难以实现企业间最优均衡，保持半满意的均衡状态是阶段性的选择。胜负均衡策略的演化方向为合作或竞争：一旦冲突一方在技术、市场、资源等方面突破瓶颈限制，胜负均衡策略被打破，演化的方向为竞争状态；或冲突双方找到合理解决办法，胜负均衡策略被打破，由双方半满意状态演化为双赢状态。

总之，在循环网络企业间经营性冲突处理过程中，不同处理策略会导致不同的演变方向。当目标兼容程度较高时，往往企业间趋向于支持性互动，促进企业间走向妥协、接纳或合作；当目标兼容程度较低时，冲突方采取回避或竞争策略可能性比较高。当企业之间资源与需求互补性比较强时，企业间倾向于主动化解冲突，以达到最优的竞合状态；反之，当企业之间资源与需求替代性比较强时，则倾向于冲突扩大化，采用回避或竞争策略。显然，区域产业的多样性、企业间在不同产业链环节进行合作，有利于网络整体发展；反之，产业同质性强，在产业链中同一环节存在较多企业时，网络内部冲突较大，网络发展容易受不同环节非均衡的影响。

本章小结

工业废弃物循环利用网络企业之间利益冲突是客观存在的，由于成员企业之间利益冲突导致"横向耦合，纵向闭合"，难以形成规模，冲突主要体现为利益关系矛盾导致的结构性冲突以及经营中关键要素变更导致经营性冲突。利益冲突并不是一成不变的，会随着企业间博弈关系变化而演变，适度的建设性冲突有助于促进网络演变，但冲突水平必须控制在一定范围内，否则，将直接影响企业盈利水平。

第五章 工业废弃物循环利用网络
企业间利益协调机制

利益协调机制是维持有序的企业间利益关系，降低企业间冲突的负面影响，促进循环网络持续健康发展的重要手段。本章从利益协调的概念着手，深入研究关系协调、契约协调、政府协调的协调机能，并以鄱阳湖生态经济区工业园内企业为样本进行不同协调机制的协调效果的实证研究。

第一节 企业间利益协调机制的内涵及手段

一、协调概念

广义协调指"配置资源的一切活动"，包含市场协调、组织协调以及组织之间协调（Larsson，1993)[①]。广义协调接近于"治理"的含义，如《汉语大词典简编》注明协调为"和谐一致，配合得当"；又如《韦氏大词典》注释的协调为"为实现最佳效果，各部分所采取的和谐行动"。狭义协调侧重于治理手段的实效性协调，如 Malone 和 Crowston（1994）等学者把协调定义为相互依赖性的管理[②]，表现为各种活动互动性的管理过程。Gordon 等（1996）认为

---

① Larsson R. The Handshake between Invisible and Visible Hands: Toward a Tripolar Institutional Framework [J]. International Studies, 1993, 23 (1): 87-116.

② Malone T. W & Crowston, K. The Interdisciplinary Study of Coordination [J]. Computing Surveys, 1994, 26 (1): 87-119.

组织协调是为达到共同目标，组织整合其内部的不同组成部分的活动[①]。Solomon J. 与 Solomon A.（2004）认为治理是控制与协调活动的总称[②]，强调治理中协调的重要性。Todeva（2005）认为治理是对经济活动进行有效的资源配置、控制与协调的体系[③]。刘永胜（2003）从系统视角界定协调概念，提出协调包括协调目标、协调层次、协调模式[④]。协调目标就是实现系统整体功能大于各子系统功能之和，即通过对各子系统的组织和协调，使各子系统实现有序的协同运作。协调层次为存在相互冲突及矛盾的子系统。协调模式为两种：一是标准化或程序化模式，主要协调任务明确、执行方法简单、流程稳定的各个模块；二是个人及团队协调模式，主要协调任务不明确、执行方法差异较大的子系统运作过程。

二、协调机制

在社会系统中，机制是指系统内各构成要素之间联系和相互作用的关系及其运行方式，主要指各行为主体之间的相互关系和互动的过程（张坤、任勇等，1999）[⑤]。通常包含以下内容：

（1）机制受系统的规律支配，能够自动发挥基础性及根本性稳定效应。

（2）机制由若干个具体的机制组成，且在动态中不断调整完善。

（3）机制由不同层次、范围及效度的制度、体制、政策、运行规范手段等构成。

Thompson（1967）提出了三种协调机制：一是用事先制定的规则和标准来控制和协调组织利益关系的标准化机制；二是用权力或权威来协调处理组织中的各种依赖关系的直接监督机制；三是通过沟通和信任关系的相互调整机制。Richardson（1972）提出市场交易、合作和指挥三种企业网络的协作方式。

① Gordon, D. Fat & Mean. The Corporate Squeeze of Working Americans and the Myth of Managerial "Downsizing"［M］. Free Press, New York, 1996.

② Solomon J. & Solomon A. Corporate Governance and Accountability［M］. Chichester: John Wiley & Sons, 2004.

③ Todeva E. Governance, Control and Coordination in Network Context: The Cases of Japanese Keiretsu and Sogo Shosha［J］. Journal of International Management, 2005（11）: 87–109.

④ 刘永胜. 供应链管理中协调问题研究［D］. 天津大学博士学位论文, 2003（6）.

⑤ 张坤, 任勇等. 欠发达地区环境与经济协调发展机制研究［M］. 中国环境科学出版社, 1999.

Van de Ven（1976）等学者概括为利用标准、规则和计划的程序化协调机制和利用人际关系协调、沟通的非程序化协调机制两种基本形式。Oliver Willianmson（1985）使用资产专用性、不确定性和交易频率对市场和一体化两种协调机制选择进行决策①。Ayres（1995）强调在原材料输出和加工过程中，必然涉及一个或多个废弃物流的连接，多个卫星企业将废弃物变成有价值的产品，合作的主要机制为协调和信息交流。Lowe 和 Warren（1996）认为产业生态系统的关键为企业间的互动、企业与自然环境的互动。F. A. A. Boons 和 L. W. Baas（1997）提出产生生态企业间的关系协调必要性，提出协调的形式为市场的协调、协会和政府的协调。Alexander（1998）用协调结构的概念表示中间层组织协调形式，中间层组织的协调结构被分为宏观协调结构、中观协调结构和微观协调结构三个层次。Grandori 等（2000）就企业内部和企业之间的相同协调模式，提出了协调模式的不同种类，并就不同的依赖关系如何选择协调机制建立了评价模型。Jap Sandy D 和 Shanker Ganesan（2000）指出企业间协调具体手段包括专用性资产投资、监管、契约等方式。Jeffrey J. Reuer 和 Africa Arino（2007）从网络联盟视角认为关键契约设计处于关系治理机制的中心位置，契约协调与其他的治理手段相结合，如成员的能力、交易属性、联盟的适应性等。

三、利益协调机制

利益协调其实就是指不同的利益主体之间以及利益主体与利益对象之间表现出来的一种和谐状态（张玉堂，2001）；利益协调本质其实就是利益主体之间的各种利益关系的调整。利益协调机制具有三个基本特征：其一是合目的性。任何协调都是为了达到一定的协调目标，目标有差异，协调的手段与方法也就不同。其二是需要采用特定的方法与手段协调利益主体之间的相互关系。其三是利益协调作为一种调整过程，即对利益主体的利益状态改变的过程。

综上所述，企业间治理往往以协调为中心，协调能力为网络化组织运作的关键维度，协调手段、技术与方法的创新推动管理的策略和工具向适应新治理模式转化，传统企业间契约侧重控制，少了协调。但企业间的实际运作也需要

---

① Oliver Willianmson. The Economic Institutions of Capitalism［M］. Free Press，New York，1985.

减少企业的强制和控制功能，增加协作机制（Joseph A. Pantoja，1994），尤其在治理多元决策主体过程中，由单一自上而下的统治，转变为注重上下互动、纵向合作及横向沟通协商的多元模式就成为必然。本书借助经典治理模式，聚焦企业间不同的利益诉求的协调，划分工业废弃物循环利用网络企业间协调为企业间内部协调和企业间外部协调。企业间内部协调主要手段分为程序性协调和非程序性协调，而程序性协调主要依靠制度和规则，体现的形式为契约协调；非程序性协调主要通过文化、信任、人际关系进行协调，这些协调可以统称为关系协调。企业间外部协调，主要为第三方协调，第三方协调主要依托政府、协会和一些权威机构，政府协调主要依托政府的法律法规等手段，协会或其他第三方机构主要依托它们的权威和声誉进行软性协调。

第二节 工业废弃物循环利用网络企业间利益协调机制

一、契约协调

为了应对复杂和不确定性环境，尤其应对主产品市场及废弃物市场的弹性变化与企业持续稳定发展刚性战略的匹配，工业废弃物循环利用网络成员企业强化企业间长期稳定合作，在满足"两个市场"需求的前提下，加强对生产、销售与回收各个活动环节集成综合协调管理，从而获得网络整体竞争优势。

契约，通常也被称为合约或合同，是指供应链中交易双方事先对未来不确定性的某种协议，在交易费用经济学中是正式的治理机制（Uzzi，1999）①，它是企业间协调的重要手段，是减少交易关系中风险和不确定性的一种机制（Lusch 和 Brown，1996）②。网络成员企业通过契约可以共担风险，调整激励，

① Uzzi, B. Embeddedness in the Making of Financial Capital: How Social Relations and Networks Benefit Firms Seeking Financing [J]. American Sociological Review, 1999 (64): 481-505.

② Lusch, R. F. and Brown, J. R. Interdependency, Contracting, and Relational Behavior in Marketing Channels [J]. Journal of Marketing, 1996 (60): 19-38.

改善网络绩效。为此，契约协调是为顺利实施合作方承诺，降低再谈判及交易调整困难，企业间主动建立政策及程序对交易进行保障的一种契约机制（Arnt Buvik 和 Sven A，2005）[①]。契约协调规范企业间合作及资源运行，有利于降低冲突。Arnt Buvik 和 Sven A（2005）通过实证研究表明单边资产专用性投资导致契约协调刚性较大，双边资产的专用性投资，契约协调更加灵活。契约协调通过合作实现某一结果而在参与人之间进行的权利交换，主要涉及系统增益比例分配、收入共享契约、数量折扣契约、收入费用共享契约两部收费制等，契约协调机制在给定的信息结构下，为成员企业进行合作提供了制度安排。

契约协调就是实现生产要素组合的方式。工业废弃物循环利用网络成员企业间应该设计合适的契约来吸引其他企业参与合作，同时采取合适手段来协调彼此的交易冲突。明确契约条款和严格的监控可以对交易双方的机会主义行为产生威慑，契约是合作者规定未来行动的承诺和义务（Macneil，1978）[②]，对可能有争议的承诺、义务和流程越明细，合同越复杂。合同的复杂性测度可用合同是否为定制化，是否考虑了很多法律工作，内容是否很多，如包含几页纸的合同（Joskow，1987）[③]。资产的专用性越高、衡量越困难及不确定越高，越会增加交易成本，合同就越复杂。交易风险的提高增加合同的复杂性和交易成本。契约理论主要包含参与合同的成员数量、合同成员的交互性及合同的完全性。根据上述文献，结合袁静、毛蕴诗（2011）高效度的量表[④]，制定契约协调的量表包括如下因素：

（1）合同条款明确性：合同很复杂；合同考虑了很多法律工作；合同包含很多特别条款。

（2）对突发事件适应性规定：合同制定了应对突发事件的一般性原则和指导方针；合同条款涵盖合作所有方面；合同制定了应对突发事件具体应对措施。

（3）履行契约的严格性：合同界定了何种情况终止和如何终止交易条款；

① Arnt Buvik, Sven A. Haugland. The Allocation of Specific Assets, Relationship Duration, and Contractual Coordination in Buyer-seller Relationships [J]. Scand. J. Mgmt, 2005 (21): 41-60.

② Macneil IR. Contracts: Adjustment of Long-term Economic Relations under Classical, Neoclassical and Relational Contract Law [J]. Northwestern University Law Review, 1978 (72): 854-905.

③ Joskow P. Contract Duration and Relationship Specific Investments: Empirical Evidence from Coal Markets [J]. American Economic Review, 1987 (77): 168-185.

④ 袁静，毛蕴诗. 产业链纵向交易的契约治理与关系治理的实证研究 [J]. 学术研究，2011 (3): 59-67.

对合作伙伴违约行为采取强硬措施；合同规定受损方会受到强大法律保护和经济赔偿；合同规定违约方会受到严厉法律制裁和经济惩罚。

二、关系协调

关系协调的概念发源于美国法学家 Macneil（1978）提出的关系契约理论，这一理论从研究社会生活中人与人之间的交换关系特点出发，分析了不同的缔约方式，认为每项交易都嵌入一种复杂的关系中，分析任何交易都要求理解其所包含的复杂关系的所有要素，从而形成了一种与传统观念不同的契约法思想。关系协调为通过互动沟通实现彼此依赖目标的过程（Gittell, 2002）[①]，其强调参与者的角色之间的关系，而不仅仅限于参与者的私人关系[②]，关系协调包括沟通与关系两个互为影响的维度。关系协调的质量一方面取决于参与者互相沟通的频率、沟通及时性、准确性和联合解决问题的能力；另一方面取决于关系强度，即在关系协调过程中的共享知识、共同目标、相互尊重程度。互动的网络关系影响参与者交流质量、改进程度及协调效率；反之，高质量的沟通促进参与者之间彼此依赖，改善网络成员之间关系[③]。关系协调的维度见图 5-1。

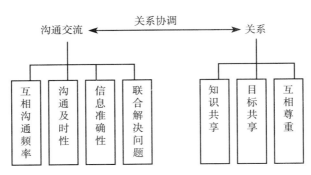

图 5-1　关系协调的维度

①　Gittell, J. H. Relationships between Service Providers and Their Impact on Customers ［J］. Journal of Service Research, 2002, 4（4）: 299-311.

②　Gittell, J. H., Seidner, R., & Wimbush, J. A Relational Model of How High-Perfomance Work Systems Work ［J］. Organization Science, 2010, 21（2）: 490-506.

③　Loïc PLÉ. How does the Customer Fit in Relational Coordination? An Empirical Study in Multichannel Retail Banking ［J］. Management, 2013, 16（1）: 1-30.

关系协调的执行依赖于契约方未来合作的价值和对自身声誉的关注，以及在合作中形成的信任、柔性、团结和信息交换等关系性规则。关系协调规则包括社会过程和社会规则，信任作为正式、明确、复杂契约的一种补充（Granovetter，1985）①，在此基础上，信任作为自我约束规范运作行为的一种有效协调行为（Hill，1990）②。Dyer J. Singh H.（1998）研究发现关系性规则能减少机会主义行为，使双方不会为了短期利益而进行机会主义行为，因为机会主义的利益不足以弥补合作终止的损失，并且信任增加了双方共享信息的意愿，降低了信息不对称性③。相比正式契约协调，关系协调具有诸多优点：第一，成员企业合作过程中关系行为比法院更容易监控对方采取的行动；第二，与法庭的有利行动与不利行动的两极判断不同，合作方基于当时经营条件进行实施，监督得更加细微；第三，契约方可以根据法律不易观察的一些现象做出判断，如某些特别事件，并且关系协调可以随时间变化调整（Goles T.，2001）④。

　　一些制度经济学家发现，关系协调可以用交易弹性、团结和信息交换来测量，较强的弹性可以正确应对未来不可预知的事情；团结可以促进多边关系的调节，联合解决问题；信息的交换可以对未来目标和规划进行交流，促进共同行为产生，有助于问题的解决。尤其是重复交易，容易产生声誉，而声誉可以降低合同的复杂性，从而降低交易成本。Akbar Zaheer 和 N. Venkatraman（1995）认为关系协调可以用互惠投资、联合行动及信任来测量，互惠投资包括提供大量支持、改善人际关系和提供初始培训，联合行动包括联合市场战略、联合新产品开发战略及联合保险等，信任包括合作伙伴有较高的互相信任度、具有较好的声誉及互相支持观点⑤。关系治理用开放的交流、信息的分享、

　　① Granovetter M. Conomic Action and Social Structure: the Problem of Embeddedness [J]. American Journal of Sociology, 1985, 91 (3): 481-510.

　　② Hill C. Cooperation, Opportunism, and the Invisible Hand: Implications for Transaction Cost Theory [J]. Academy of Management Review, 1990 (15): 500-513.

　　③ Dyer J, Singh H. The Relational View: Cooperative Strategy and Sources of Interorganizational Competitive Advantage [J]. Academy of Management Review, 1998 (23): 660-679.

　　④ Goles T. The Impact of the Client-vendor Relationship on Outsourcing Success [J]. Unpublished Dissertation, University of Houston, 2001: 86-90.

　　⑤ Akbar Zaheer and N. Venkatraman. Relational Governance as an Interorganizational Strategy: An Empirical Test of the Role of Trust in Economic Exchange [J]. Strategic Management Journal, 1995, 16 (5): 373-392.

信任、彼此依赖和协作来测量（Macneil，1978；Anderson 和 Narus，1990），具体量表为：客户与供应商有很好的合作关系①②，协作双方分享短期与长期目标和计划，客户依赖供应商的承诺。袁静、毛蕴诗（2011）提出关系治理测量维度为联合计划、联合解决问题、早期介入新产品开发和人际关系。综合上述文献，制定关系协调的测度量表包括如下因素：

（1）联合行动：联合分享短期与长期目标和计划；联合分享新产品开发战略；联合分享市场战略。

（2）互惠投资：公司与合作方提供大量互惠支持；改善公司间员工的人际关系；互相提供初始培训；合作方彼此间依赖承诺。

（3）联合解决问题：合作方之间搭建了共同交流的平台；公司与合作方共同解决业务问题；公司建立系统的冲突解决机制以培养合作关系。

三、政府及第三方协调

工业废弃物循环利用网络是企业为了商业利益或迫于环境压力等联结而成的合作伙伴关系，成员企业往往是独立的法人主体，很难通过权威层级指令协调彼此的冲突，在网络成员发生冲突或无法达成协议的情况下，有必要引入第三方冲突管理机构参与协调。另外，企业间基于自身的利益进行合作，但难以控制整个网络的发展（Inês Costa、Guillaume Massard 和 Abhishek Agarwal，2010）③，引入第三方如政府、产业协会、中介组织有助于建立信任，可以促进双方沟通和信息的共享，增加利益协调的公平性，最终提高合作的满意度（Heeres，R. R.、W. J. V. Vermeulen 和 F. B. de Walle，2004）④，见图5-2。

Elangovan（2000）根据干预组织冲突进程把第三方协调分为过程干预型、

① Macneil IR. Contracts：Adjustment of Long－term Economic Relations under Classical，Neoclassical and Relational Contract Law［J］. Northwestern University Law Review，1978（72）：854－905.

② Anderson JC，Narus JA. A Model of the Distributor's Firm and Manufacturer Firm Working Partnerships［J］. Journal of Marketing，1990（54）：42－58.

③ Inês Costa，Guillaume Massard，Abhishek Agarwal. Waste Management Policies for Industrial Symbiosis Development：Case Studies in European Countries［J］. Journal of Cleaner Production，2010，18（8）：815－822.

④ Heeres，R. R.，W. J. V. Vermeulen and F. B. de Walle. Eco－Industrial Park Initiatives in the USA and the Netherlands：First Lessons［J］. Journal of Cleaner Production，2004（12）：985－995.

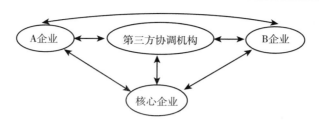

图 5-2　第三方协调机构组织结构

结果干预型和混合干预型①。过程干预型是通过制定冲突协商程序，促进双方沟通，澄清问题，维持程序执行等手段，干预组织间解决问题进程；结果干预型是第三方对组织之间解决问题结果进行协调；混合干预型是把过程和结果综合进行协调。采用何种策略主要取决于成员企业对第三方机构权威性和公平性感知，当企业对于第三方管理机构公平性与权威性感知较低时，宜采用过程干预；反之，则采用结果干预；公平与权威感知处于中间状态，宜采用混合策略进行协调。第三方协调机构管理策略见图 5-3。

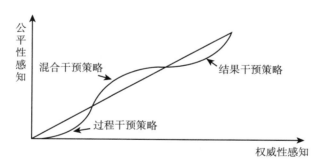

图 5-3　第三方协调机构管理策略

　　Rosenau（2000）把政府在协调中的任务分为三类：一是组合与协调，主要包括认定情境、确认利益关系对象、建立关系链接；二是协调与引导，对组织间的关系加以引导，以实现特定组织目标；三是整合与规制，站在系统角度，建立合理机制，确保协调效率。朱文兴、卢福财（2013）认为政府部门

---

　　① A. R. Elangovan. Managerial Third—Party Dispute Intervention：A Prescriptive Model of Strategy Selection［J］. Academy of Mangerial Review，2000，20（4）：800-830.

领导者和决策者制定区域循环经济发展规划，明确共生网络建设发展目标，制定有利于促进产业共生发展的法律和法规，规范政府自身、企业及公众行为，建设生态环境动态监测体系①。苏敬勤（2009）认为政府应该从核心层、杠杆层及协调层三个层面为产业生态网络提供政府支持，核心层需要政府提供人才建设、生态服务建设、生态产业信息系统建设及国际交流；杠杆层需要政府在政策、税收、环保及金融方面提供协调支持；协调层主要为循环网络提供生态意识培育、争取对生态企业上级支持及协调生态项目有序运作。政府层面组建共生项目管理委员会，由环保部门、科技部门、经济发展部门、财税部门、行业协会、商会等成员组建，建立省直有关部门之间和规划区内各市县之间的协商沟通机制（朱文兴、卢福财，2013）；实现经济协调与社会协调的相互交织，既是以行政命令为中心的社会规制对企业生态行为建立基本的活动准则，又是以价格为中心的经济规制调节企业的市场行为。综合上述文献分析，制定政府协调测量量表包括如下因素：

（1）经济协调：政府对资源综合利用项目提供财政支持；政府对资源综合利用项目提供税收优惠；政府严格执行"谁污染、谁付费"原则；政府对资源综合利用项目提供金融支持。

（2）环境协调：政府鼓励企业从事资源再生利用；政府严格执行环境监理标准；政府建立环境绩效评估体系及环境管理体系。

（3）法律协调：与合作者发生纠纷时政府相关部门介入协调；与合作者发生纠纷时通过仲裁方式解决；与合作者发生纠纷时通过上诉的方式进行解决；其他第三方机构协调。

四、协调绩效

Beamon（1999）从供应链角度认为关系治理与契约治理的交易绩效为资源成本、产出和灵活性，其中资源成本为：销售成本低、产品制造成本低、物流成本低；产出指标为合同订单额度、业务利润率、业务投资回报率；灵活性为：客户需求的快速响应、灵活性产品、技术变动及更新②。Murat Mirata 和

① 朱文兴，卢福财. 鄱阳湖生态经济区产业共生网络构建研究［J］. 求实，2013（2）：61-64.

② Beamon B. M. Measuring Supply Chain Performance［J］. International Journal of Operations & Production Management，1999，18（4）：275-292.

Tareq Emtairah（2005）提出产业共生网络的绩效为环境收益、经济收益、商业利益、社会效益，其中环境收益为改善资源利用效率、减少自然原材料的利用、减少污染物排放；经济收益为减少资源投入成本、减少废物管理成本、从高价值的副产品和废物流获得额外收入；商业利益为改善商业利益与外部各方的关系、提高绿色发展形象、有利于开发新产品和新市场；社会效益为创造新的就业和提高现有工作质量，有利于创建一个更清洁、更安全、自然的工作环境①。苏敬勤（2009）认为产业生态网络的合作效益为网络适应性、网络的增值性、网络的和谐性及网络的开放性。本书基于利益的角度，研究协调的绩效，所以采用 Murat Mirata 和 Tareq Emtairah（2005）的成熟量表因素：

（1）环境收益：改善了资源利用效率；减少自然原材料的利用；减少污染物排放。

（2）经济收益：减少资源的投入成本；减少废物管理成本；从更高价值的副产品和废物流获得额外收入。

（3）商业利益：改善了商业利益与外部各方的关系；提高绿色发展形象；有利于开发新产品和新市场。

（4）社会效益：创造新的就业和提高现有工作的质量；有利于创建一个更清洁、更安全、自然的工作环境。

第三节　不同协调机制与网络绩效关系的研究假设

一、契约协调与网络绩效的关系

工业废弃物循环利用网络成员企业通过契约协调机制，能够克服成员之间由于活动外部性而造成的利益"双重边际加价"问题。在发展工业废弃物循环利用网络管理过程中，将上下游企业间的权利、责任和任务分配，通过契约

---

① Murat Mirata, Tareq Emtairah. Industrial Symbiosis Networks and the Contribution to Environmental Innovation：The Case of the Landskrona Industrial Symbiosis Programme［J］. Journal of Cleaner Production，2005（13）：993-1002.

的形式确定下来，能够减少整个网络运行成本。对于上游企业而言，通过契约保障，一是可以提高废弃物资源利用效率，实现稳定的副产品盈利；二是可以消除废弃物对环境影响，减少企业的环境压力，以便专注核心业务领域。对于下游企业而言，一是可以保障低成本的废弃物供应量，降低废弃物投资的风险；二是为产品市场的竞争提供一定的利润空间，虽然网络本身的运作也需要成本，但如果网络化运作成本低于市场协调成本，那就会吸引大量的企业进入网络。综上所述，详细明确的契约条款和严格监控限制交易双方的机会主义行为，节约了诉讼成本，提高了网络的绩效。

假设1：工业废弃物循环利用网络中契约协调水平越高，网络的绩效越高。

二、关系协调与网络绩效的关系

关系协调可以有效降低和解决成员企业合作中所面临的问题，如下游企业针对废弃物专有性投资带来的被上游企业"敲竹杠"问题，通过惯例、共享企业发展战略，促进了对继续交易与合作的期望，激励了专有性投资，长期性合作带来的信任使得交易者更加关注长期利益，短期绩效评价不再重要。一方面，工业废弃物循环利用网络的合理运行，需要建立相对完善的合作制度，但制度设计必然要考虑制度的成本和弹性，不可能是"超级严密理想制度体系"；另一方面，正式契约以市场法律法规作为制度保证，一旦出现利益纠纷，只能诉诸法律或仲裁，企业间协调的空间比较小。为此，企业就通过一些社会过程和社会规则，影响成员企业的行为，使得交易在没有第三方加入的情况下也能顺利进行，其作用甚至能够超过正式制度安排，这些关系准则能够降低交易成本和减少交易风险（Poppo和Zenger，2002）[1]，网络内这些功能发挥治理作用，也可以统称为"关系治理"（Relational Governance），关系治理不是单一地依赖于法律许可的市场力量来协调关系，而是建立在合作关系上的治理[2]。因此，在合作过程中，相对非正式的、不涉及法律的协调形式占支配地位，完全通过法律明确制裁事件很稀少（Klein，1981）[3]，在以友好合作关系

---

①② Poppo L. and Zenger T. Do Formal Contracts and Relational Governance Function as Substitutes or Complements? [J]. Strategic Management Journal, 2002 (23): 707-725.

③ Klein B. and Leffler K. B. The Role of Market Forces in Assuring Contractual Performance [J]. Journal of Political Economy, 1981, 89 (4): 615-641.

为基础，出现利益纠纷时，合作双方或多方能够主动进行沟通协调，合理地达成谅解。显然，这种灵活的协调机制既可降低履约成本，还有助于建立长期合作关系，对下游企业来说，同上游企业建立长期合作关系能够形成低成本竞争优势（Gerwin，1993）[①]；反之，对上游企业而言，既可以进一步缓解废弃物排放带来的环境压力，还能在提高资源的利用中获得经济效益。

假设 2：工业废弃物循环利用网络中企业间关系协调水平越高，网络的整体绩效越高。

三、关系协调与契约协调的交互关系

1. 关系协调与契约协调为替代关系

学者们从成本的角度对不同协调方式的有效性进行比较发现：不同协调方式功能相同是完全可替代。对于关系协调与契约协调相互之间关系，学者观点存在分歧，其中一种观点支持两者为替代关系（Larson，1992）[②]，即两者是此消彼长的关系，一方作用的加强意味着另一方作用的削弱。从逻辑关系来看，一方面，关系协调可以部分替代契约协调，如 Adler（2001）指出"互相握手可以替代合同"[③]，也就是说关系协调替代正式契约的严格性及复杂型，降低了监控的需求，限制了交易成本的增加；另一方面，契约协调部分替代关系协调，详细明确契约条款和严格监控限制交易双方的机会主义行为，节约了诉讼成本，但也有学者担心，正式契约也许是对合作伙伴不信任的信号，会对合作产生负面影响。Wang（2008）等研究表明契约协调的固定成本高而边际成本低，而关系契约的固定成本低而边际成本高，也就是说当市场规模比较小，关系协调方式比较有效；反之，当市场规模比较大时，契约协调方式更加有效[④]。

① Gerwin D. Integrating Manufacturing into the Strategic Phases of New Product Development [J]. California Management Review, 1993, 35 (4)：123-136.

② Larson A. Network Dyads in Entrepreneurial Settings：a Study of Governance of Exchange Relationships [J]. Administrative Science Quarterly, 1992 (37)：76-104.

③ Adler P. Market, Hierarchy, and Trust：the Knowledge Economy and the Future of Capitalism [J]. Organization Science, 2001, 12 (2)：214-234.

④ Wang. Y Q, Li. M. Unraveling the Chinese Miracle：a Perspective of Interlinked Relational Contract [J]. Journal of Chinese Political Science, 2008 (3)：269-285.

2. 关系协调与契约协调为互补关系

学者们的另一种观点为关系协调与契约协调是相互补充的关系。一方面，严格的、缜密的契约设计可以限制交易面临的风险，促进企业间建立相互信任，稳定交易方的合作关系。契约约定企业间违规的成本，规定了上下游企业间的退出障碍，如由于废弃物市场价格的变化，上下游企业可能会选择其他客户进行交易，但由于高的违约成本，迫使企业继续合作，当然，这种高违约成本，也会降低网络的柔性，即产生低端"锁定效应"。另一方面，关系协调中的信任与交流可以促进正式契约的执行效果，降低契约协调的刚性，提高契约的适应性。正是因为这种互补关系，两种协调方式组合任何时候都比单一种更加有效。

假设3：工业废弃物循环利用网络中企业间关系协调与契约协调具有交互效应。

四、政府协调与企业间协调的关系

第三方协调以中立立场和态度向成员传递信息，公正地对待成员企业的经营行为，保障利益合理分配。从过程干预的角度看，成员企业合作之初，政府或其他协调机构公信力比较高时，会降低契约协调成本，加快关系协调的步伐，从而提高协调绩效，降低协调成本。为了实现产业与生态的双赢，政府出台相应的政策及规划，加强社会生态意识、创造人才建设平台、信息沟通平台等基础条件，促进循环网络的形成，提升企业间的信任水平；经营过程中，政府通过财政、税收、环保、金融及行政等杠杆手段，对工业废弃物循环利用网络企业间的合作进行协调，一方面对合作企业的利益及成本进行调节，另一方面引导网络的有序发展。从结果干预来看，政府需要建立良好的退出机制，克服网络嵌入的刚性风险，当企业间的矛盾难以内部协调时，最终的解决方案请求第三方调解、仲裁或法院强制执行，确保契约的法律公正性。

假设4：工业废弃物循环利用网络中政府对关系协调的绩效具有调节作用；

假设5：工业废弃物循环利用网络中政府对契约协调的绩效具有调节作用。

第四节　工业废弃物循环利用网络企业间利益协调机制实证分析

一、量表的构面、信度及效度分析

本节首先采用聚类方法对关系协调和契约协调进行聚类，研究两种协调方式在企业中的应用状况，而后采用回归分析研究不同协调方式的协调绩效，并进而研究契约协调与关系协调的交互状况，具体计算过程采用Spss16.0，样本描述见第四章，限于篇幅，在此不再赘述。

1. 量表的构面

综合文中的文献，制定量表体系如表5-1：

表 5-1　协调机制研究量表构面

构面	观测变量	衡量方法	文献来源
契约协调	合同条款的明确性	合同很复杂（CCC1）	Joskow，1988；袁静、毛蕴诗，2011
		合同包含很多特别条款（CCC2）	
		合同考虑了很多法律工作（CCC3）	
	对突发事件的适应性规定	合同制定了应对突发事件的一般性原则和指导方针（ACC1）	
		合同条款涵盖交易所有方面（ACC2）	
		合同制定了应对突发事件的具体措施（ACC3）	
	履行契约的严格性	合同界定了何种情况终止和如何终止交易的条款（SCC1）	
		对合作方违约行为采取强硬措施（SCC2）	
		合同规定受损方会受到强大法律保护和经济赔偿（SCC3）	
		合同规定违约方会受到严厉法律制裁和经济惩罚（SCC4）	

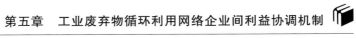

续表

构面	观测变量	衡量方法	文献来源
关系协调	联合行动	公司与合作方联合分享短期与长期目标和计划（JARC1）	Macneil，1978；Anderson 和 Narus，1990；Akbar Zaheer 和 N. Venkatraman，1995；袁静、毛蕴诗，2011
		公司与合作方联合分享新产品开发战略（JARC2）	
		公司与客户联合分享市场战略（JARC3）	
	互惠投资	公司与合作方提供大量互惠支持（ITRC1）	
		公司与合作方员工之间建立良好人际关系（ITRC2）	
		互相提供培训支持（ITRC3）	
		合作双方彼此间依赖承诺（ITRC4）	
	联合解决问题	合作方间搭建了共同交流的平台（JRRC1）	
		公司与合作方共同解决业务问题（JRRC2）	
		公司建立系统的冲突解决机制以培养客户关系（JRRC3）	
政府协调	经济协调	政府对资源综合利用项目提供财政支持（RGC1）	Rosenau，2000；苏敬勤，2009
		政府对资源综合利用项目提供税收优惠（RGC2）	
		政府严格执行"谁污染、谁付费"原则（RGC3）	
		政府对资源综合利用项目提供金融支持（RGC4）	
	环境协调	政府鼓励企业从事资源再生利用（EGC1）	
		政府严格执行环境监理标准（EGC2）	
		政府建立环境绩效评估体系及环境管理体系（EGC3）	
	法律协调	与合作者发生纠纷时政府相关机构介入协调（LGC1）	
		与合作伙伴发生纠纷时通过仲裁方式解决（LGC2）	
		与合作伙伴发生纠纷时通过上诉的方式进行解决（LGC3）	
网络效益	环境效益	改善了资源利用效率（ENP1）	Murat Mirata 和 Tareq Emtairah，2005
		减少自然原材料的利用（ENP2）	
		减少污染物排放（ENP3）	
	经济效益	减少资源的投入成本（RNP1）	
		减少废弃物管理成本（RNP2）	
		从副产品和废物流获得额外收入（RNP3）	
	商业效益	改善了公司与外部各方的关系（BNP1）	
		提高绿色发展形象（BNP2）	
		有利于新产品和新市场开发（BNP3）	
	社会效益	创造新的就业和提高现有工作质量（SNP1）	
		有利于创建了一个更清洁、更安全、自然的工作生活环境（SNP2）	

2. 数据的来源

本研究以鄱阳湖生态经济区各地区工业园区内的企业为样本，首先针对少数企业进行问卷预测试，经过小范围测试问卷效度和信度后，重新修订量表，在此基础上通过电子邮件、电话及现场发放等方式向企业进行大规模调查，共发放问卷 462 份，回收有效问卷 391 份。问卷中各问题均要求企业中高层管理人员及高级技术人员作答，整体描述性统计与第二章实证分析一致，同属于一份问卷。

3. 信度及效度分析

对契约协调、关系协调、政府协调与网络效益分别进行因子分析，都通过了信效度检验，但契约协调中"合同条款涵盖交易所有方面（ACC2）"和"政府对资源综合利用项目提供金融支持（RGC4）"相关系数小于 0.5 被删除；分别对契约协调、关系协调、政府协调与网络效益进行第二次因子分析，都通过了信度和效度检验。其结果见表 5-2：

表 5-2　协调机制研究修正量表构面

构面	观测变量	衡量方法	信度与效度检验
契约协调	合同条款的明确性	合同很复杂（CCC1）	KMO 值为 0.665，χ^2 为 762.66，Cronbach's α 为 0.772
		合同包含很多特别条款（CCC2）	
		合同考虑了很多法律工作（CCC3）	
	对突发事件的适应性规定	合同制定了应对突发事件的一般性原则和指导方针（ACC1）	
		合同制定了应对突发事件的具体措施（ACC3）	
	履行契约的严格性	合同界定了何种情况终止和如何终止交易的条款（SCC1）	
		对合作方违约行为采取强硬措施（SCC2）	
		合同规定受损方会受到强大法律保护和经济赔偿（SCC3）	
		合同规定违约方会受到严厉法律制裁和经济惩罚（SCC4）	

续表

构面	观测变量	衡量方法	信度与效度检验
关系协调	联合行动	公司与合作方联合分享短期与长期目标和计划（JARC1）	KMO 值为 0.707，χ^2 为 892.064，Cronbach's α 为 0.765
		公司与合作方联合分享新产品开发战略（JARC2）	
		公司与合作方联合分享市场战略（JARC3）	
	互惠投资	公司与合作方提供大量互惠支持（ITRC1）	
		公司与客户员工之间建立良好人际关系（ITRC2）	
		互相提供培训支持（ITRC3）	
		合作双方彼此间依赖承诺（ITRC4）	
	联合解决问题	合作方间搭建了共同交流的平台（JRRC1）	
		公司与合作方共同解决业务问题（JRRC2）	
		公司建立系统的冲突解决机制以培养客户关系（JRRC3）	
政府协调	经济协调	政府对资源综合利用项目提供财政支持（RGC1）	R KMO 值为 0.625，χ^2 为 844.539，Cronbach's α 为 0.724
		政府对资源综合利用项目提供税收优惠（RGC2）	
		政府严格执行"谁污染、谁付费"原则（RGC3）	
	环境协调	政府鼓励企业从事资源再生利用（EGC1）	
		政府严格执行环境监理标准（EGC2）	
		政府建立环境绩效评估体系及环境管理体系（EGC3）	
	法律协调	与合作者发生纠纷时政府相关机构介入协调（LGC1）	
		与合作伙伴发生纠纷时通过仲裁方式解决（LGC2）	
		与合作伙伴发生纠纷时通过上诉的方式进行解决（LGC3）	
网络效益	环境效益	改善了资源利用效率（ENP1）	KMO 值为 0.717，χ^2 为 998.876，Cronbach's α 为 0.791
		减少自然原材料的利用（ENP2）	
		减少污染物排放（ENP3）	
	经济效益	减少资源的投入成本（RNP1）	
		减少废弃物管理成本（RNP2）	
		从副产品和废物流获得额外收入（RNP3）	
	商业效益	改善了公司与外部各方的关系（BNP1）	
		提高绿色发展形象（BNP2）	
		有利于新产品和新市场开发（BNP3）	
	社会效益	创造新的就业和提高现有工作的质量（SNP1）	
		有利于创建了一个更清洁、更安全、自然的工作生活环境（SNP2）	

二、数据分析

1. 聚类分析

本书依据企业间协调中的关系协调与契约协调的测量变量分别进行聚类分析，分析工业废弃物循环利用网络内不同类型的协调机制模式及特点，具体操作方法如下：首先分别对契约协调和关系协调进行聚类分析，而后把契约协调与关系协调综合进行聚类。

契约协调聚类。根据被调研的企业"合同条款的明确型"、"突发事件的适应性"与"履约的严格性"信息进行分类，把契约协调分为"弱契约"与"强契约"两类。在聚类过程中，用变量相互之间的距离大小来确定类别，详细的聚类结果见表5-3：

表 5-3　契约协调聚类分析结果

变量	题项	聚类结果	
		弱契约	强契约
合同条款的明确性	合同很复杂（CCC1）	2.38	1.99
	合同包含很多特别条款（CCC2）	2.34	2.45
	合同考虑了很多法律工作（CCC3）	2.35	2.28
对突发事件的适应性规定	合同制定了应对突发事件的一般性原则和指导方针（ACC1）	3.93	2.49
	合同制定了应对突发事件的具体措施（ACC3）	3.82	2.52
履行契约的严格性	合同界定了何种情况终止和如何终止交易的条款（SCC1）	3.02	2.09
	对客户违约行为采取强硬措施（SCC2）	2.90	2.09
	合同规定受损方会受到强大法律保护和经济赔偿（SCC3）	3.28	2.09
	合同规定违约方会受到严厉法律制裁和经济惩罚（SCC4）	2.86	2.10
样本数	391	88	303

从表5-3可以看出，第一类聚类中心依次为：2.38、2.34、2.35、3.93、3.82、3.02、2.90、3.28、2.86，第二类聚类中心依次为：1.99、2.45、2.28、2.49、2.52、2.09、2.09、2.09、2.10，第一类聚类中心都大于第二类聚类中心，所以定义第一类为"弱契约"，占整个样本量的22.5%；第二类为"强契约"，占整个样本量的77.5%。

关系协调聚类。依据被调研企业的联合行动、互惠投资、联合解决问题信息进行分类，把关系协调分为"强关系"与"弱关系"，具体分析过程与契约协调相同，聚类结果见表5-4。

表5-4　关系协调聚类分析结果

变量	题项	聚类结果	
		强关系	弱关系
联合行动	公司与合作方联合分享短期与长期目标和计划（JARC1）	1.75	2.07
	公司与合作方联合分享新产品开发战略（JARC2）	2.15	2.38
	公司与合作方联合分享市场战略（JARC3）	2.45	2.95
互惠投资	公司与合作方提供大量互惠支持（ITRC1）	1.98	3.36
	公司与合作方员工之间建立良好人际关系（ITRC2）	2.05	3.58
	互相提供培训支持（ITRC3）	1.98	3.17
	合作双方彼此间依赖承诺（ITRC4）	2.12	3.07
联合解决问题	合作方间搭建了共同交流的平台（JRRC1）	1.70	2.17
	公司与合作方共同解决业务问题（JRRC2）	1.57	1.88
	公司建立系统的冲突解决机制以培养客户关系（JRRC3）	1.64	1.89
样本数	391	284	107

从表5-4可以看出，第一类聚类中心依次为：1.75、2.15、2.45、1.98、2.05、1.98、2.12、1.70、1.57、1.64，第二类聚类中心依次为：2.07、2.38、2.95、3.36、3.58、3.17、3.07、2.17、1.88、1.89，第一类聚类中心

都小于第二类聚类中心，所以定义第一类为"强关系"，占整个样本量的72.6%；第二类为"弱关系"，占整个样本量的27.4%。

在契约协调与关系协调分别聚类的基础上，综合契约协调与关系协调进行聚类，得到结果见表5-5。

表5-5 工业废弃物循环利用网络总体聚类分析

类别	工业废弃物循环利用网络的协调模式			
	Ⅰ	Ⅱ	Ⅲ	Ⅳ
契约协调	弱契约	弱契约	强契约	强契约
关系协调	弱关系	强关系	弱关系	强关系
样本数	44	44	63	240

从表5-5可以看出，Ⅰ（弱契约，弱关系）协调模式占整个样本量的比重为11.3%，Ⅱ（弱契约，强关系）协调模式占整个样本量的11.3%，Ⅲ（强契约，弱关系）协调模式占样本量的16.0%，Ⅳ（强契约，强关系）协调模式占整个样本量的61.4%，显然第四种聚类模式为该地区的主导模式，即企业既注重关系协调，更注重契约协调。

2. 回归分析

本书首先用回归法分别分析契约协调与关系协调对工业废弃物循环利用网络绩效的影响，其次分析关系协调与契约协调的交互作用，最后分析政府协调对企业间协调的调节作用。

（1）契约协调与网络绩效回归分析。本研究所有自变量采用VIF值来检验多重共线性问题，VIF值范围为1~2，均小于3，说明模型没有多重共线问题。从总体来看，契约协调对工业废弃物循环利用网络的效益具有正面的影响且显著，假设1得到支持，契约协调中合同条款的明确性及履约的严格性与网络整体绩效具有显著的正向影响，而对突发事件的适应性规定对总体绩效的影响不显著。从分回归模型来看，履约的严格性对环境效益具有显著的正向影响，合同条款的明确性与对突发事件的适应性规定对环境效益的影响不显著。合同条款的明确性对经济效益、商业效益与社会效益具有显著的正向影响；履行契约的严格性对环境效益与社会效益具有显著的正向影响，而对经济效益与商业效益的影响不显著。

（2）关系协调与网络绩效回归分析。本研究所有自变量采用 VIF 值来检验多重共线性问题，VIF 值范围为 1~2，均小于 3，说明模型没有多重共线问题。从模型总体拟合情况分析，不难发现，关系协调对工业废弃物循环利用网络的整体绩效具有显著的正向影响，假设 2 获得支持。联合行动、互惠投资及联合解决问题对网络整体效益具有显著型的正向影响，其中，联合行动对成员企业的经济效益与商业效益正面影响显著，互惠投资对环境效益具有显著的正向影响，联合解决问题除了对环境效益的影响不显著，对其他三个效益具有正向的影响且显著。

（3）政府协调与网络绩效回归分析。本研究所有自变量采用 VIF 值来检验多重共线性问题，VIF 值范围为 1~2，均小于 3，说明模型没有多重共线问题。从模型总体拟合情况分析，政府协调对网络绩效具有直接调节作用，经济、环境及法律手段对企业间利益具有显著影响，其中法律协调对环境效用具有正面影响且显著，经济协调、环境协调及法律协调对经济都有影响且显著；经济协调及法律协调对商业利益具有显著影响，环境协调对商业效益影响不显著；经济效益对社会协调具有显著影响，法律及环境协调对社会效益影响未通过检验。回归模型见表 5-6。

表 5-6　回归分析结果

		网络绩效指标				
		环境效益（ENP）	经济效益（RNP）	商业效益（BNP）	社会效益（SNP）	网络绩效（NP）
契约协调（CC）	合同条款的明确性（CCC）	-0.004（-0.170）	0.344（8.423）	0.382（9.786）	0.290（6.815）	0.250（11.12）	0.640（16.409）
	对突发事件的适应性规定（ACC）	0.048（2.034）	0.080（2.206）	-0.039（-1.118）	-0.063（-1.653）	0.012（0.611）	
	履行契约的严格性（SCC）	0.9021（26.732）	0.037（0.701）	0.128（2.548）	0.098（1.796）	0.308（10.671）	
F 值		300.222	27.539	35.004	17.075	94.974	269.244
R^2		0.699	0.176	0.215	0.117	0.427	0.412
R^2_{adj}		0.697	0.170	0.209	0.110	0.422	0.970

续表

		网络绩效指标				
		环境效益 （ENP）	经济效益 （RNP）	商业效益 （BNP）	社会效益 （SNP）	网络绩效 （NP）	
关系协调 （RC）	联合行动 （JARC）	0.063 （1.212）	0.186 （3.679）	0.168 （3.610）	0.025 （0.645）	0.130 （4.505）	0.502 （11.788）
	互惠投资 （ITRC）	0.378 （8.360）	0.038 （0.868）	−0.023 （−0.573）	−0.008 （−0.224）	0.107 （4.232）	
	联合解决问题 （JRRC）	0.085 （1.660）	0.215 （4.257）	0.410 （8.847）	0.708 （18.239）	0.320 （11.261）	
F 值		27.865	14.254	35.956	117.249	68.457	138.959
R^2		0.179	0.100	0.220	0.476	0.351	0.267
R^2_{adj}		0.172	0.093	0.214	0.472	0.346	0.265
政府协调 （GC）	经济协调 （RGC）	−0.209 （−0.595）	0.122 （2.452）	0.315 （6.285）	0.420 （8.565）	0.203 （6.664）	0.454 （11.000）
	环境协调 （EGC）	0.017 （0.525）	0.156 （4.653）	0.085 （2.612）	0.007 （0.227）	0.070 （3.526）	
	法律协调 （LGC）	0.065 （11.846）	0.187 （3.542）	0.136 （2.645）	0.087 （1.696）	0.267 （8.521）	
F 值		48.304	16.402	21.534	28.162	54.204	121.010
R^2		0.273	0.112	0.144	0.178	0.299	0.240
R^2_{adj}		0.267	0.105	0.137	0.172	0.294	0.238

说明：表中 β 系数为非标准化值，括号中为 t 值，$p < 0.05$。

（4）契约协调与关系协调的关系。首先以工业废弃物循环利用网络的整体绩效为因变量，以契约协调与关系协调为自变量建立回归模型，对个变量值采用标准化的因子值，回归模型如下：

$$NP = \beta_0 + \beta_1 \times CC + \beta_2 \times RC + \varepsilon \tag{5-1}$$

采用 Spss17 得到回归结果如下：

$$NP = 0.542 + 0.512CC + 0.273RC$$
$$\quad\quad\quad (12.276) \quad (6.699) \tag{5-2}$$

上述回归模型中契约协调与关系协调的 VIF 值为 1.268，说明不存在共线问题，变量值进行了标准化，不存在自相关。根据上述回归模型，可以看出契约协调和关系协调与工业废弃物循环利用网络的整体效益存在显著的正相关。为了验证关系协调与契约协调的交互性，建立回归模型如下：

$$NP = \beta_0 + \beta_1 \times CC + \beta_2 \times RC + \beta_3 \times CC \times RC + \varepsilon \tag{5-3}$$

采用Spss16.0得到回归结果如下：

$$NP = 0.848 + 0.384CC + 0.12RC + 0.258CC \times RC \tag{5-4}$$
$$(4.745) \quad (1.263) \quad (1.872)$$

F值为116.507，χ^2为0.480，p值为0.000，说明模型拟合较好，关系协调与契约协调回归系数发生显著变换，说明它们之间存在交互作用影响且显著，研究结论支持了假设3。

（5）政府协调对企业间协调的关系。首先以工业废弃物循环利用网络的整体效益为因变量，以契约协调与关系协调为自变量建立回归模型，对个变量值采用标准化的因子值，回归模型如下：

$$NP = \beta_0 + \beta_1 \times CC + \beta_2 \times RC + \beta_3 \times GC + \varepsilon \tag{5-5}$$

采用Spss16.0得到回归结果如下：

$$NP = 0.465 + 0.462CC + 0.241RC + 0.129GC \tag{5-6}$$
$$(10.244) \quad (5.510) \quad (2.808)$$

F值为118.957，χ^2为0.486，p值为0.000，说明政府协调对网络整体绩效具有显著的正向影响。把式（5-6）与式（5-1）相比较，可以发现，政府协调介入以后，政府协调与契约协调回归系数有不同程度升高，对关系协调与契约协调的效能具有改善的作用。

为进一步研究政府协调对关系协调的调节作用，本书继续以网络的整体效益为应变量，以关系协调均值、政府协调均值、关系协调与政府协调均值的乘积为自变量进行回归分析，建立回归模型如下：

$$NP = \beta_0 + \beta_1 \times RC + \beta_2 \times GC + \beta_3 \times RC \times GC + \varepsilon \tag{5-7}$$

采用Spss17.0得到回归结果如下：

$$NP = 1.273 + 0.135RC + 0.092GC + 0.091RC \times GC \tag{5-8}$$
$$(1.226) \quad (0.906) \quad (2.200)$$

F值为68.187，χ^2为0.593，p值均为0.000，说明政府协调对关系协调具有调节作用且显著，支持假设4。

进一步研究政府协调对契约协调的调节作用，过程与上文类似，得到回归结果如下：

$$NP = 0.639 + 0.204CC + 0.535GC - 0.02CC \times GC \qquad (5-9)$$
$$(1.963) \quad (5.125) \quad (-0.058)$$

F 值为 102.164，χ^2 为 0.668，CC×GC 的 p 值为 0.954，说明政府协调对契约协调作用不明显，未通过假设检验。

三、数据讨论

从聚类分析结果可以看出，Ⅳ（强契约，强关系）协调模式占整个样本量的 61.4%，其中，"强关系"占整个样本量的 72.6%，"强契约"占整个样本量的 77.5%。表明鄱阳湖生态经济区从事废弃物循环利用的企业愿意在联合行动、互惠投资及联合解决问题方面进行沟通合作，但对于合作的预期及风险控制比较谨慎，表现为对合同的明确性、突发事件控制及合同执行要求较高。显然，这符合前文分析结果：成员企业基于利益驱使，有强烈动机参与废弃物循环利用，但企业间合作未必都是以产权为纽带，传统科层制方式难以达到保护目的。为此，一旦企业间进行合作，依据制度经济学理论，难免会出现专用性资产投资，若为单边专用性资产投资，契约就成为保障自身利益最好的手段，且合同的复杂性增加；若为双边专用性资产投资，合作方存在互相"质押"的资产，加强关系协调就成为降低契约刚性的最主要方式。关系协调单独聚类结果表明，在不考虑契约条件下，强关系将成为企业间协调的主要手段；反之，从契约协调单独聚类发现，当不考虑关系协调时，强契约将是最重要的协调手段。综合来看，虽然企业都采用关系与契约协调手段，合作方对契约协调的重视强于对关系协调。此外，第一、第二种类型协调模式，即弱关系与弱契约协调类型也存在，说明在废弃物价值不高的情况下，合作方重心都放在主营业务方面，对副产品以随机市场交易为主。

从回归分析结果可以看出，关系协调与契约协调对网络合作整体绩效具有调节作用，且关系协调与契约协调具有交互作用，政府协调对关系协调调节作用显著且正相关，对契约协调的调节作用不显著。进一步研究发现：合同越明确，操作性越强，越有利于网络整体绩效的提高，但对于突发事件的控制，合同难以实现，一方面说明合作方难以预测到所有的意外情况，另一方面说明如果把所有可能发生的情况都写进合同，合同的复杂性较高。经济效益、商业效益及社会效益通过明确的合同条款实现，而环境效益主要通过严格的履行条款控制。联合制定战略计划、市场战略及产品开发对企业实现经济效果显著，企业间进行专用性资产投资、提供技术和培训支撑对环境效益具有显著改善，积极共同解决合作过程中遇到的问题，有利于提高企业社会形象。总之，在鄱阳湖生态经济区，精确的正式契约可以促进信任产生，信任合作会进一步提升契约协调效益，降低契约协调的成本，政府在推动企业进入循环网络，建立企业间合作关系方面提供了较大支持，但在合作过程中，在如何保障合同的有效执行，推进企业制度建设等方面还有较大的改善空间。

本章小结

本章主要研究工业废弃物循环利用网络企业间关系协调、契约协调及政府协调的机制，以鄱阳湖生态经济区园区内企业为样本进行实证研究。研究结果表明：关系协调与契约协调是企业间利益的主要协调机制，且关系协调与契约协调具有交互关系，政府对关系协调具有调节作用，对契约协调的调节不显著。采用回归分析研究企业间的协调机制，研究结果表明：其一，契约协调对工业废弃物循环利用网络的效益具有正面影响且显著，契约协调中合同条款的明确性及履约的严格性与网络整体绩效具有显著的正向影响，而突发事件的适应性规定对总体绩效的影响不显著；从回归模型研究结论表明：履约的严格性对环境效益具有显著的正向影响，合同条款的明确性与突发事件的适应性规定对环境效益的影响不显著。合同条款的明确性对经济效益、商业效益与社会效益具有显著的正向影响；履行契约的严格性对环境效益与社会效益具有显著的正向影响，而对经济效益与商业效益的影响不显著。其二，关系协调对工业废弃物循环利用网络的整体绩效具有显著的正向影响，联合行动、互惠投资及联合解决问题对网络整体效益具有显著型的正向影响，其中，联合行动对成员企业的经济效益与商业效益正面影响显著，互惠投资对网络环境效益具有显著的正向影响，联合解决问题除了对环境效益的影响不显著外，对其他三个效益具有正向影响且显著。其三，关系协调与契约协调彼此之间存在交互作用且显著，正式契约可以促进信任的产生，信任与合作会进一步提升契约协调绩效，并降低契约协调成本。其四，政府对工业废弃物循环网络企业合作关系能够进行有效的调节，但对于监督企业有效运行调节作用不明显。

第六章 工业废弃物循环利用网络企业间利益协调机制设计

本章综合利益关系、利益冲突及协调机制，进一步完成工业废弃物循环利用网络的协调机制的设计，并针对鄱阳湖生态经济区工业废弃物循环利用网络状况，提出相应的发展对策。

第一节 工业废弃物循环利用网络企业间利益协调机制总体设计

针对工业废弃物循环利用网络成员企业利益本质特征，遵循"谁来协调、协调什么、怎么协调"的思路，设计利益协调体系，具体包括协调目标、协调主体、协调客体、协调方式和协调标准。协调目标就是降低利益冲突的负面影响，完善"上游企业愿意供应，下游企业愿意接受"利益机制，实现成员企业各自利益和整体利益最大化；协调主体包括企业、政府及其他社会机构；协调客体为利益冲突及利益关系；协调手段为市场手段、法律手段和规制政策；协调方式为关系协调、契约协调及政府协调；协调标准为有效性及公平性。具体见图6-1。

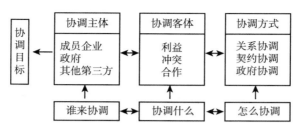

图 6-1 工业废弃物循环利用网络协调体系

一、协调目标

协调目标为改变企业间的利益关系，减少冲突，以符合每个成员企业的利益，促进工业废弃物循环利用网络有序发展。从企业角度，协调目标为确保公正、公平获得经济、商业、环境及社会利益，实现可持续发展；从产业角度，协调目标为实现产业链不同环节利益均衡，确保资源循环过程中闭合价值链的完整性；从网络角度，厘清成员企业之间的利益关系，减少冲突带来的风险，促进工业废弃物循环利用网络持续、快速、有序发展。

二、协调主体

协调主体为政府、企业、辅助部门以及公众。四者分别发挥不同的功能，其中最重要的主体是政府和企业。各级政府部门制定区域资源综合利用发展规划，明确网络总体发展战略，制定有利于促进工业废弃物循环利用网络发展的产业政策，规范政府自身、企业及公众行为；企业是循环网络交易节点，包括废弃物供应企业、废弃物加工商、废弃物回收商、专业污水处理厂、废弃物综合处理中心等；此外，还有大量围绕工业废弃物循环利用网络运行的中介组织，包括技术、金融、市场、研究等方面的机构。

三、协调客体

协调客体为利益关系及利益冲突。利益关系主要调节纵向利益关系与横向利益关系，也就是说主要调节利益形成过程。纵向利益关系主要调节上游企业与下游企业的纵向合作与竞争的关系，涉及内容为企业间合作方式、资源依赖、初始投资、资源链的衔接、供应量及消费量等因素；横向利益关系主要调节废弃物供应商之间及废弃物加工商、废弃物回收商之间的竞争与合作关系，涉及内容为竞合方式、运作机制、市场结构等。由于工业废弃物循环利用网络内横向及纵向利益关系难以协调，容易产生利益冲突，为此，利益冲突也是协调主要对象，一是调节不同层次主体在实现自身利益过程中，彼此之间所发生的利益冲突；二是相同层次的不同利益主体在实现各自利益过程中所发生彼此之间的冲突，并结合冲突产生的根源及不同发展阶段，对相关利益冲突进行协调，实现网络内企业有序竞争与合作。

四、协调方式

协调方式主要有关系协调、契约协调、政府及第三方协调。关系协调及契约协调为企业间的协调方式，也是企业间利益关系及冲突的主要协调方式。在成员企业之间利益难以协调的情况下，往往需要引入外部力量，而外部力量中，最主要的为政府协调。政府协调不仅可以直接对企业间关系进行协调，也可以通过改善企业内协调方式，间接影响成员企业的利益关系及冲突。

第二节　企业间不同利益关系协调机制设计

一、横向利益关系协调机制设计

横向利益关系协调机制设计主要为调节废弃物供应、废弃物回收加工企业横向竞合关系，下文将分类进行协调机制设计。

1. 废弃物供应商利益关系协调机制设计

废弃物供应依赖于主产品市场需求，供应企业决策的重心往往在主产品，副产品交易目的是消除副产品直接排放导致的环境压力，并提升资源综合利用价值。影响废弃物供应企业之间竞合关系主要因素为废弃物供应量、废弃物转变为商品的加工成本、加工废弃物的初始投资以及废弃物价格、主产品市场与副产品市场结构关系等，为此，政府协调和关系协调就成为利益协调主要手段。

政府协调资源供应，提高环境压力及环境标准，加大企业直接排污惩罚力度，建立废弃物处理基本公共设施，降低废弃物处理的初始投入，促进废弃物向有价值资源转化，从而提高废弃物供应量；企业之间提升关系协调力度，联合技术研发及联合废弃物资源开发，提高废弃物经济价值，降低废弃物处理成本。另外，由于上游供应企业中废弃物是副产品，其具有伴生性特点，废弃物供应量主要由主产品需求量决定。为此，从总体来看废弃物产量不会由于废弃物收益而变化，竞争主要手段就是废弃物技术处理成本和价格机制，在废弃物处理的技术比较成熟的情况下，联合定价就成为它们之间的主要合作手段。由于副产品产量既定，竞争与合作的博弈策略更加简单，同类型的废弃物供应企业更加趋于市场合作。

2. 废弃物加工商利益关系协调设计

废弃物加工商把废弃物作为主要的原材料，减少自然原材料的投入，从而降低产品成本，提升市场竞争力。加工商依赖于废弃物作为原材料，废弃物市场对加工商的主产品市场影响较大，往往会主动寻求更加稳固的长期合作，以确保主产品原材料长期低成本供应。另外，不同废弃物回收加工处理模式选择也决定着废弃物加工商利益关系。

加工商通过关系协调强化主产品市场的控制能力，提高废弃物市场增值价值，从而推进加工商后向一体化，实现废弃物供应企业与加工企业直接合作，网络合作密度增加。但直接合作的结果导致废弃物处理减少，小规模废弃物回收企业难以进入循环网络，为此，政府通过大量培育回收中介，扩大回收商的废弃物供应量，同时，回收商通过契约合作形成自由联盟，进入循环网络。政府适度提高废弃物市场竞争程度，迫使加工商选择产业链的前向延伸或寻求稳定的合作，推进网络发展。当废弃物加工价值较低，甚至是危险废弃物时，政府提高废弃物加工补贴，驱动加工商从事废弃物经营，同时，加工商与回收商共同通过市场或契约协调的方式分享政府补贴。

二、纵向利益关系协调机制设计

通过其他方式获得资源总成本高于废弃物进行循环利用成本时，则会在资源循环中获得经济利益，经济利益促进了资源链的延伸，扩大了参与企业的数量，但企业间竞争与协作关系更加复杂。为此，纵向利益关系协调对象为上下游企业间维持合作的利益条件。

通过契约协调稳定合作条件。当废弃物的供应量增大，上下游企业趋于全面合作的比例增加，合作企业为了获得稳定的规模效应，往往通过契约方式进行长期合作。当自然原材料与废弃物价格相差较大时，废弃物供应商与废弃物加工商趋向于长期合作；当两者价格相差较小时，上下游企业趋向于不合作。为此，上游企业为了稳定一定收益或缓解环境压力，下游企业为了稳定原材料的供应，需要通过契约协调的方式应对价格波动带来的经营不稳定。

通过关系协调方式提升上下游企业信任、学习、协作交流的文化氛围，改善企业间关系，建立第三方信息交流平台，突破人际关系锁定的刚性，培育合作文化，从而降低参与企业的交易成本、机会损失及经营风险，提高参与企业的品牌声誉及租金收益。同时，联合技术开发，降低废弃物单位处理成本。

通过政府协调加大上游企业的排污成本，提高下游企业政府补贴，双管齐下促进企业间纵向合作。推进产业链延伸，创造企业进入循环网络的机会，加强产业链建设及补链工作。建立废弃物资源化的环境标准及质量标准，降低市场交易的道德风险。综合考虑区域内劳动力、土地、能源、自然资源、技术获取等要素成本，优化企业的空间布局，缩短区域内企业空间距离，优化管道、交通线路等公共基础设施分布，合理规划区域工业废弃物循环利用网络，从而降低生产成本及交易成本，强化工业废弃物循环利用网络空间集聚，促进成员企业间深度合作。

第三节　不同利益冲突类型协调机制设计

一、以关系协调为主调节低结构及低经营性冲突

该类型的冲突强度较低，不存在根本性冲突，经营过程中发生冲突频率也较低，冲突发生后以关系协调为主。其一，通过关系协调促进交流的稳定性，

增加市场的适应性，促进成员企业之间交流，提升信任，规避契约协调的刚性，增加工业废弃物循环利用网络的柔性，协调网络的"锁定效应"，尤其是对于参与方依据市场及战略形势变更经营时需要及时沟通，联合制定解决方案。如企业需要调整工艺技术、改变原材料结构、淘汰部分不合格的合作者等，需要参与方共同协商，共同制定应对方案，既可保持企业的竞争力，又可维护网络的稳定性。其二，通过关系协调提升合作的经营层次和范围。工业废弃物循环利用网络成员企业最初的合作连接主要为资源综合开发与利用，随着合作升级，进一步协调联合产品开发、联合市场、联合竞争战略等，需要建立更深信任合作机制。其三，通过关系协调共享资源，由于交通、地理资源等公共基础设施的排他性及外部性等特征，外部成本及外部收益难以分割，关系协调将发挥重要的作用。如供应企业共同建立污水处理中心，选址的布局、设备投入、补贴的分享等利益关系，需要充分的沟通和信任，建立特定的关系规则，保持公共资源分享的公正及公平性。

二、以契约协调为主调节低结构及高经营性冲突

该类型冲突不存在根本性冲突，但合作过程中对于执行方法、利益分配方式、投资及交易方式冲突较大，需要建立以契约协调为主的企业间协调体系。其一，契约协调调节网络贡献的外部性。网络贡献的外部性为投机行为产生创造了条件，工业废弃物循环利用网络中成员企业在实现自身价值同时，网络价值产生了外部性，如果外部性为正，对循环网络产生正的价值，有利于鼓励网络的整体良性发展；如果外部性为负，则会减少网络价值，抑制网络发展，为了调节循环网络的外部性，契约协调就成为必要。其二，契约协调限制资产专用性引发的"敲竹杠"行为。为了维护资源链的完整性及嵌入性，工业废弃物循环利用网络的参与方共同投资了大量的专用性资产，这些专用性资产的转移成本极高，一旦专用性资产已投入，就会给未投入专用性资产或投入少的一方机会主义行为提供了条件。如下游企业依赖上游企业的废弃物供应而投入了大量的资产，就往往陷入了被动；小企业依赖核心企业的资源，也经常会被"敲竹杠"。为了保护专用资产性投入，就必须有相对复杂、严格的契约。其三，契约协调经营的稳定性。由于企业的逐利性，成员企业往往根据市场的情况，擅自调整自身产品结构、工艺流程、废弃物的供应量等，

导致合作的中断，甚至网络的瓦解，需要契约协调保障网络经营的稳定性。但该种情况下契约协调应该区分客观性与私利性情况，客观性是技术的改进、战略方向的调整，若该调整被契约所限制，必然会导致网络刚性，降低了网络的柔性，增加加了系统风险；私利性为参与方的主观投机行为，擅自改变原材料的成分、供应数量，甚至中断合作，杜绝该类行为需设计更加严格、复杂的契约。

三、以政府协调为主调节高结构及低经营性冲突

该类型冲突表明企业间合作在基础性关系准则方面存在问题，但合作方难以通过自身能力去解决，由于利益目标的兼容性强，只能在运行过程中互相容忍与克制矛盾，该类型冲突须以政府协调为主。在工业废弃物循环利用网络中，交通设施、信息资源和共同投资的副产品交换设备等为成员企业共同分享，难以避免"搭便车"现象，使得网络整体价值下降，从而导致公共产品的维护性下降。政府的适时介入，调节成员企业间社会成本与私人成本、社会收益与私人收益的差距，调整网络整体福利，确保网络整体价值维护，不至于使工业废弃物循环利用网络瓦解。由于废弃物循环网络跨产业、主体众多、目标多元化、时间跨度长，仅仅由市场自发调节，难以兼顾公平及效益，尤其是生态市场的外部性及公共性特征，导致社会成本与私人成本、社会收益与私人收益之间的偏离，从而产生市场定价机制的失灵，市场的资源配置难以实现最优。政府通过以行政命令为中心的社会规制建立基本的活动准则，以价格为中心的经济规制调节企业的市场行为，既使用产权、价格等基础性制度的激励机制，又充分发挥税收、财政、法律等规范性制度的约束机制，还需要通过行业监管、产品标准、经济核算等考核性制度的评价机制，全面导入特许投标制度、区域间比较竞争和社会契约制度等激励性规制政策；同时，导入自愿性规制、环境管理认证与审计、生态标签、环境协议等非正式的生态规制，克服规制的刚性带来的整体绩效的下降，激活企业间的有效竞争，从而形成一种有利于长期均衡的价格机制。

政府之外的第三方协调机构，包括私人组织、公共机构、研究所、大学等，是工业废弃物循环网络功能的重要组成部分，不仅是循环网络的重要催化

剂，更是网络形成的重要功能（Nijkamp P.，Vreeker R.，2000）[①]。第三方协调必须首先了解循环网络的功能及影响因素，换而言之，必须能够正确地评估政策、经济、技术、金融、信息及区域条件，它可以采用必要的干预措施协助企业更好地协同发展。协调机构应尽可能让企业获得各方面的支持，包括金融、技术及信息等，协调必须具有持续改善合作绩效的功能。另外，创造一个良好制度环境是第三方协调机构的重要职能，鼓励和支持区域企业提升共生意识，打造共同的交流平台，提升合作愿景，提升区域信任水平，提供企业制度合作框架，指导地方政府、政策制定者克服制度障碍，推行工业废弃物循环利用网络的建设。

四、以政府协调与契约协调相结合调节高结构及高经营性冲突

该类型冲突表明企业间存在根本性冲突，基础性关系混乱导致经营过程中冲突不断，影响企业间合作，需要政府协调与契约协调相结合进行调节。政府使用经济、法律、行政等手段，促进企业建立灵活多样的市场运作及合作形式。在正确的处理企业间纵横向利益关系的基础上，研究不同市场结构的定价机制的差异，理顺企业间竞争性资源和共生性资源对定价机制的影响。其一，通过联合的定价、良好的声誉、长期契约等方式降低竞争排斥性效应，建立信息流、物流、价值流、技术流等要素的协调机制，改善资源依赖路径及方向，降低竞争性资源依赖的共同市场需求约束。其二，建立产权、契约、市场等不同联系纽带的多元合作机制。共生性资源致使一个企业的产出作为另一个企业的输入，为了更好地协调企业之间不同的利益活动，需要从组织生态角度建立多元化组织方式：第一，以核心企业为依托，以产权为纽带建立有效协作的大型企业集团；第二，以实力均衡的中小企业为主，以长期契约为纽带，建立"弹性精专"的网络组织；第三，以网络中介服务为主，以市场为纽带，建立灵活多样的交易形式。其三，以企业为主、政府参与，联合建立循环网络运行准则及标准，建立企业进入及淘汰机制。

---

① Nijkamp P., Vreeker R. Sustainability Assessment of Development Scenarios: Methodology and Application to Thailand [J]. Ecological Economics, 2000, 33 (1): 7-27.

第四节　不同发展阶段利益协调机制设计

工业废弃物循环利用网络包含导入阶段、成长阶段、成熟阶段、革新或衰退阶段，并呈现持续演化的寿命周期特征。依据工业废弃物循环利用网络中企业间合作不同阶段的成本及收益特点，采用契约协调、关系协调及政府协调调节不同阶段的利益。

一、导入阶段利益协调机制设计

企业基于经济利益的动机，对废弃物产业链进行分析研究，探索不同产业链的纵向与横向合作机会，并与相关企业进行联系及接洽，对合作目标企业声誉、经营状况、技术能力、管理水平等进行综合评估，上述内容通过关系协调进行沟通。但关系协调效能比较低，对未来的合作绩效难以判断。为此，政府往往提供一定的协调及担保，促进企业间进行合作。但协调并不意味着合作，如市场无形的手，它在发挥着协调作用，但企业间未必就能达成交易。一旦企业进行了实质性合作，合作方采取契约协调保护专用性投资和降低不确定性风险，合同的复杂性增加，在合作的初级阶段，合同严格规定保密性、专用技术、网络终止和第三方协调等，但合同的复杂性导致网络失去弹性及带来的其他问题（Jeffrey J. Reuer 和 Africa Arino，2007）[1]。正式契约在合作初始阶段更加有效，且保证长期合作期望，从而限制了短期机会主义行为。在该阶段，企业与新伙伴合作，往往是用契约协调替代关系协调，依据法律和制度规则来执行，而不是靠关系协调（Johnson S，McMillan J 和 Woodruff C，2002）[2]。合作方对初始投资、废弃物的供应量、合作的期限、合作的方式、行为规则等进行合作谈判，并最终签订正式合约，初始契约侧重控制，确保公平公正，增加

---

① Jeffrey J. Reuer, Africa Arino. Strategic Alliance Contracts: Dimensions and Determinants of Contractual Complexity [J]. Strategic Management Journal, 2007 (28): 313-333.

② Johnson S, McMillan J, Woodruff C. Courts and Relational Contracts [J]. Journal of Law, Economics and Organization, 2002 (18): 221-277.

合作方依赖强度，但降低了协调能力（Joseph A. Pantoja，1994）[①]。据此可以初步判断：工业废弃物循环利用网络企业间合作导入阶段其契约协调效能高于关系协调效能，契约协调成本高于关系协调成本。

二、成长阶段利益协调机制设计

关系函数表明：重复的交易引导继续合作，合作历史与合同复杂性有关（Johnson、McMillan 和 Woodruff，2002）[②]，随着合作时间变长，契约的效能逐步下降，关系协调快速上升，说明关系协调与契约协调互为补充和替代。导入阶段契约协调强于关系协调，但实际运作需要减少企业间强制和控制功能，增加协作机制。为此，刚性的契约协调需要通过关系协调进行沟通，对环境、任务、合作流程、工作技巧和目标进行充分的沟通，利用特定的关系规则进行重新评估，确保合作效率、公平及适应性。经过校正，再次用契约协调固定未来的合作预期及合作的成果。据此，此阶段契约协调的效能逐步下降，关系协调的契约效能逐步提升，整体效能处于上升阶段。

三、成熟阶段利益协调机制设计

随着交易关系的持续，合作者变为战略伙伴时，逐渐淡化契约协调控制功能，采用强关系治理。持续的合作关系可以降低合同的复杂性，合同控制功能减少，对于关系协调的需求增加，组织间关系的设计将是最理性的方式实现协调成本最小化（Praveen R. Nayyar 和 Robert K. Kazanjian，1993）[③]，契约仅对突发情况的解决方案进行框架性说明，提高了契约对环境的适应性。双方之间互惠互利的战略伙伴关系成为交易的主要特征，合作模式比较稳定，合作方不易找到替代性合作伙伴，且退出成本较高，合作获得较高长期产出回报（袁

① Joseph A. Pantoja. Desirable Economic Cooperation among High-Technology Industries：A Look at Telephone and Cable［J］. Colum. Bus. L. Rev，1994：617-619.

② Johnson S，McMillan J，Woodruff C. Courts and Relational Contracts［J］. Journal of Law，Economics and Organization，2002（18）：221-277.

③ Praveen R. Nayyar & Robert K. Kazanjian. Organizing to Attain Potential Benefits from Information Asymmetries and Economies of Scope in Related Diversifid Firms［J］. Acad. Mgmt. Rev，1993（18）：735-742.

静、毛蕴诗，2011）。据此判断，此阶段为强关系协调、弱契约协调，信任避免了合同成本，中和了对机会主义行为的担心，提高了合同适应性，限制了交易成本增加，即关系协调的效能高、成本低，总体效能趋于稳定。

四、革新或衰退阶段利益协调机制设计

网络结构虽然具有一定的"锁定效应"，但并不是一成不变，需要一定的柔性，淘汰掉不合格合作方，如上游企业延伸产业链，进行内部资源化处理；又如，环境标准的提高，下游企业对废弃物处理难以达到新标准等，企业合作纽带断裂。在随后的清算阶段，契约中规定的一方必须承担相应法律责任，对违约方的处罚以及对受害方的保护契约条款将凸显出主要作用，契约协调效能大于关系协调的效能，同时前者协调成本也更低。另外，双方在交易关系持续期间会面临很多突发性事件，由于人的有限理性，在契约履行过程中难以避免出现争议，合作方不可能在合同中明确制定所有可能突发事件的处理方案（Bernheim 和 Whinston，1998）①。一旦不信任事件的发展，如道德危机、合同纠纷、违约经营等突发事件发生，最终需要执行已签订的契约，就要通过政府等第三者协调执行（Klein 和 Leffler，1981）②，关系协调成本上升，效能下降，契约成本及契约效能也同时增加。

在现实中，若合作交易内容能够为合作方察觉、评估和履行，往往采取契约协调方式；若合作方无法观察，往往采用关系协调方式；网络合作有效运行，通常都是二者组合的结果。合作过程中，关系协调可以存在但未必是契约规定的义务；契约协调可以增强合作的稳定性，但它不是唯一实现目的的途径；关系协调中社会互动、惯例、声誉可能具有同样功能，保障合同或额外合同的执行（Peter Vincent-Jones，1989）③。

① Bernheim BD, Whinston MD. Incomplete Contracts and Strategic Ambiguity [J]. American Economic Review, 1998 (88)：902-932.

② Klein B. and Leffler K. B. The Role of Market Forces in Assuring Contractual Performance [J]. Journal of Political Economy, 1981, 89 (4)：615-641.

③ Peter Vincent-Jones. Contract and Business Transactions [J]. A Socio-Legal Analysis. J. L. & Soc'y, 1989 (16)：166-169.

第五节　鄱阳湖生态经济区工业废弃物循环利用网络利益协调机制设计

一、建立工业废弃物循环利用网络的组织机制

鄱阳湖生态经济区 39 个工业园区中，少部分工业园区形成较完整共生产业链，如江西星火生态工业园、江西金砂湾工业园、以江西铜业集团公司为主的国家级铜工业循环经济示范园，大部分工业园区仅仅建立局部产业共生，未形成整体循环经济聚集效应。建立跨区域的循环利用网络，一方面需要完善现有工业园区内的产业链共生，另一方面逐步建立跨区域的工业废弃物循环利用网络。为此，需要通过政府规划推动及企业利益驱动方式构建交易网络，建立多种耦合链接形式：废弃物供应企业与加工企业直接交易，废弃物供应与加工企业通过中介进行间接交易，废弃物供应企业与废弃物专业综合处理中心进行交易，处理中心为废弃物（尤其是无很高经济价值的废弃物）流转站和终极处理者，其他中介为废弃物的物质流、信息流、价值流和能源流的无缝衔接提供流转及服务工作。

建立跨区域的"全省统一领导、部门分工协作、地方分级负责、各方共同参与"的领导体系，实施政府主导、企业实施、利益相关者及公众参与的模式。政府通过技术进行规划及设计合作流程，推动企业参与网络交易；企业及企业利益相关者在政府引导下，结合自身经济利益，进行共生交易。政府部门领导者和决策者制定区域循环经济发展规划，明确共生网络建设发展目标，制定有利于促进产业共生发展的法律和规定，规范政府自身、企业及公众行为，建设生态环境动态监测体系；企业是区域循环经济的先行者和中坚者，是产业交易网络的节点，是废弃物的供应者和消费者；科研机构、高等院校、行业协会等为支持者和监督者，主要负责提供技术及智力支持；公众是区域循环经济的参与者和实践者，主要负责循环经济最终落实及保持公众压力。为保障工业废弃物循环利用网络的有效运行，充分体现政府意志和企业自主行为，需

建立政府与企业协同运作的网络组织体系。

组建鄱阳湖生态经济区工业废弃物循环利用网络项目管理委员会。政府层面组建产业共生项目管理委员会，由环保部门、科技部门、经济发展部门、财税部门、行业协会、商会等成员组建，建立省直有关部门之间和规划区内各市县之间的协商沟通机制；在主要县市设办公室，负责做好工业废弃物循环利用网络的发展规划，规划需与鄱阳湖生态经济区发展规划、地方国民经济与社会发展规划、产业规划、城市规划、环境规划、土地利用规划、基础设施建设规划相衔接。负责政策宣传和共生知识普及，营造全社会共同参与生态经济区建设的良好氛围。每个地区设立联络和技术支持人员，提供技术设施、技术指导与知识支持，为产生共生项目提供技术指导、项目跟踪及培育。

成立鄱阳湖生态经济区工业废弃物循环利用网络项目运作集团。负责产业共生项目的产业化运作，按照循序渐进的原则，以产业基地为中心，每个区域设置专门组织负责项目运作。成立专门顾问团，负责审核项目资格和真正符合产业共生项目发展的战略需求，跟踪新企业和现有企业新共生项目，对共生项目提供培育支持、跟踪及评价；对于当前不能提供解决方法的潜在共生项目和区域内公司独立运作的共生项目，保持跟踪与支持。为提升产业共生项目运作招募新成员，确保各种符合条件的企业、部门从中受益，建立区域内和跨区域的企业层面网络，实行会员制，会员免费加入且会籍方案免费获取。集团以项目为运作中心，一方面在现有企业之间建立连接，另一方面嵌入招商引资的运作过程中，有针对性地进行产业配套和衔接，完善产业共生项目修链及补链工作。

二、建立工业废弃物循环利用网络的政府规制体系

为更好地提高市场的资源配置效率，克服市场及政府规制的双重失灵，还需进一步明确工业废弃物循环利用网络规制范畴，完善制度规划设计，明晰政府规制的相关职能，健全生态规制的评价体系，引入生态规制激励手段等。

1. 完善工业废弃物循环利用网络规制设计

以产业系统与生态系统共生为导向，厘清现有的生态规制的依据，在设计环境规制时，应当从系统和全局角度出发，认真研究规制对产业发展仿生态规律的指导，进一步颁布相应工业废弃物循环利用网络的操作细则，从而能够准

确判断新规制效果，实现规制设计者目标。同时，结合工业废弃物循环利用网络发展规律，克服规制实施中的失效问题，进行规制机构、程序、效果评估与监管控制；建立规制的变革调整体系，以适应工业废弃物循环利用网络的动态演变过程。

2. 明确规制的政府职能分工

工业废弃物循环利用网络规制涉及生产、消费等各个经济社会领域，规制组织内的官僚体制存在政出多门、权责和专业分工不明确，多部门共同实施行政规制，缺乏协调，造成各行政规制部门的政策效应相互抵消、相互冲突，规制政策效应下降，甚至无效。所以，必须建立横向职能分工、纵向层级节制的规制组织体系，明确规制的设计、执行、监督与评价的部门分工，成立工业废弃物循环利用网络规制委员会，综合运用以规则与权威为核心的程序化协调机制和以信任与合作为核心的非程序化协调机制，建立开放的信息发布与反馈制度，引入公众监督机制。

3. 建立环境规制的评价体系

对规制绩效进行测度是减少规制失灵，提高规制效率必不可少的环节。建立全过程的规制评价制度，事前评价主要是在颁布规章之前，对规制原因、程度、方法、预期成本与收益等进行评价，如果规制收益大于规制的成本，规制可以生效，反之，说明规制成本太高，规制政策无效；事后评价主要对规制绩效评估，衡量一定时期内社会福利效率，以便促进规制调整，实现规制预期效应。严格环境监理，建立工业废弃物循环利用网络环境管理体系，持续改进环境及生态绩效，对达标企业进行鼓励，对不达标企业进行惩罚。由于生态规制的产权难以界定及规制效应存在社会性和公平性，增加了规制评价难度，所以，还需要进一步完善规制评价的手段、方法及程序，降低规制评价的社会成本。

4. 引入规制激励手段

政府规制通过以行政命令为中心的社会规制对企业生态行为建立基本活动准则，通过以价格为中心的经济规制调节企业市场行为，在实现条件方面，既需要研究产权、价格等基础性制度的激励作用，又需要研究税收、财政、法律等规范性制度约束作用，还需要研究行业监管、产品标准、经济核算等考核性制度的评价机制。充分利用财政、税收、环保、产业、金融手段，财政方面给予重大项目、基础设施建设一定支持，加大对科技创新、环保风险投资投入；重点项目实施减免环保税、环保收入所得税、土地使用税、增值税等；建立合理的治污与排污政策，执行"谁污染、谁付费"原则，限制地方政府可能以排污费创收途径；完善工业废弃物循环利用网络生态链建设，鼓励中小企业废弃物到邻近的大企业进行集中处理；鼓励金融机构对重点废弃物共生项目实行信贷优惠，拓宽融资渠道，设立专项投资基金等。

三、建立合理的利益分享机制

建立合理的利益分享机制的前提是厘清利益来源通道，完善利益分配、共享与风险分担机制，关注分配标准的公平及公正。企业进入工业废弃物循环利用网络的目的本身就是为了获取利益，不同类型的参与者群体有着不同的利益诉求，按照"谁开发、谁受益、谁治理"的原则，明确企业治理责任及利益体系，废弃物供应企业主要利益为减轻环境的压力，降低污染处理成本；废弃物回收处理企业主要目的为降低原材料成本，提高合作的稳定性；废弃物处理中心主要为通过专业化运作获取利润，同时获得政府的补贴。

四、推进企业联合战略

依据工业废弃物循环利用网络不同合作任务，从材料循环利用共生，逐步发展到更高的联合战略，废弃物的闭环供应链是循环网络构建的关键环节，在此基础上企业间联合改进和整合生产过程，共同改进流程和提高制造效率，成员企业间共享行政设施和技术设备（如废水处理设施），在资源整个生命周期内联合开发可持续的绿色产品，推进生产与流通阶段的合作，共同关注企业间密切相关的问题，发挥巨大的合作潜能。

五、建立良好的协调沟通平台

1. 建立多功能协调小组

充分利用成员企业在生产技术、擅长领域、主体功能的差异性，建立多功能协调小组，协调企业间计划、研发、生产、销售、财务等活动，利用各种标准、规章、程序及惯例等协调手段，协调项目的立项、规划、建设及运营，视察是否存在不利于网络运作效率和成果的活动，并及时解决合作过程中各类问题。

2. 建立沟通平台

从信息系统方面优先建设废弃物交换信息系统、项目信息库、公共交流论坛等数字化系统，在信息网络上利用动态检查表和动态合同体系，跟踪成员企业对工期进度、质量、成本、服务、投资等计划的执行情况，进行系统的监控和协调。通过沟通交流及互相学习，共同关注企业间密切相关的问题，促进企业间的学习和知识整合。

本章小结

本章遵循"谁来协调、协调什么、怎么协调"的思路，设计出协调目标、协调主体、协调客体、协调方式"四位一体"的协调体系。随后针对工业废弃物循环利用网络不同利益关系、不同冲突来源及网络不同阶段，以关系协调、契约协调及政府协调为主要手段，设计出相应的利益协调机制。最后针对鄱阳湖生态经济区现状，提出建立工业废弃物循环利用网络的组织协调机制，组建鄱阳湖生态经济区产业共生项目管理委员会，成立鄱阳湖生态经济区产业共生项目运作集团；并提出建立工业废弃物循环利用网络的政府规制体系、建立合理利益分享机制、推进企业间联合战略、打造良好的沟通平台对策。总之，因协调对象、利益关系、协调目的不同，协调机制始终在动态的调整中，废弃物循环利用作为一种经济活动，利益协调的成功与否是网络成功运行关键之一。

第七章 结论与展望

本书以工业废弃物循环利用网络企业间利益协调机制为题，依据网络理论、产业组织、制度经济学、协调论及利益论等理论，采用一般均衡、博弈论、多目标规划、聚类分析、因子分析及回归分析等研究方法和手段，紧扣工业废弃物循环利用网络内涵及本质特征，沿着"利益关系—利益冲突—利益协调"的研究思路，层层深入地研究网络内企业间利益协调机制，并以鄱阳湖生态经济区为例进行了实证分析，得出相应的研究结论。

一、研究结论

本书对相关文献进行了综述，首先，综合研究工业废弃物循环利用网络中纵向、横向利益关系及演变机制；并以鄱阳湖生态经济区内工业园企业为样本，采用因子分析方法，探索影响工业废弃物循环利用网络企业利益的关键因素。其次，在利益关系及关键因素分析基础上，进一步研究了企业间利益冲突的类型、产生根源及其演化机制。最后，针对不同利益关系、冲突类型、网络发展阶段设计了相应的利益协调机制，并提出了鄱阳湖生态经济区工业废弃物循环利用网络的发展对策，具体的研究结论如下：

1. 工业废弃物循环利用网络中企业利益受内外部因素影响

本书在深入研究工业废弃物循环利用网络特征的基础上，以鄱阳湖生态经济区内工业园企业为样本，采用因子分析对工业废弃物循环利用网络利益影响因素进行了深入研究，研究表明：工业废弃物循环利用网络中企业利益受政府支持、直接经济利益、人际因素、地理及基础设施、技术因素、环境压力、循环链因素、管理因素、风险因素九个因素影响。结论表明：盈利是企业存在的基本使命，利益机制始终是推动工业废弃物循环网络构建的核心，环保压力不是形成资源循环的主要动力。维持循环网络中企业持续合作的关键因素具有一定的约束范围，一旦约束限制被突破，会造成企业间利益冲突，甚至导致合作的破裂。

2. 横向利益关系中主产品市场与副产品（废料）市场具有联动性

横向关系分别研究了工业废弃物循环利用网络中从事废弃物供应的上游企业间利益关系和从事废弃物加工的下游企业间关系。废弃物供应企业间利益关系研究表明：供应企业围绕废弃物综合开发利用，废弃物供应规模依赖于主产品的市场需求，决策重心往往在主产品，副产品交易目的为消除副产品环境压力和提升资源综合利用价值。根据主副产品竞争形态，存在 16 种组合的市场结构，把 16 种市场竞争结构分为四种类型。类型一：主副产品市场双边垄断，上游企业会加大垄断力量，缩减主产品产量，谋取更大的利润，但垄断利润的获取会减少均衡产量，因此会减少制造商生产的废弃物数量，上游企业控制了废弃物资源的供应，必然导致废弃物的价格上升。类型二：主产品市场单边垄断，意味着上游企业一方面在主产品市场上削减产量、提高价格，攫取垄断利润，导致废弃物供应量下降；另一方面在副产品市场上，促使上游企业在废弃物市场上建立稳定的协作关系，以降低交易成本。类型三：副产品市场的单边垄断，上游企业主产品市场竞争比较激烈，价格及产量由市场决定，对于副产品的供应量难以控制，上游企业通过提高废弃物市场价格，增加废弃物的盈利水平，围绕副产品的资源供应，形成的网络结构为单核心或多核心的循环网络。类型四：主副产品市场多元竞争，上游企业间的合作关系主要体现在上游企业形成价格联盟提高废弃物价格，合作处理废弃物、分享客户资源信息以此降低交易成本。

废弃物加工的下游企业间利益关系研究表明：相比较上游企业的竞合关系，下游企业间的收益博弈更加复杂，把废弃物作为主要原材料，减少自然原材料的投入，往往主动寻求更加稳固的长期合作，以确保主产品原材料的长期低成本供应。类型一：主副产品市场双边垄断，在废料市场上，下游企业寻求稳定合作，以确保低成本、稳定地获得生产原材料，同时提供废弃物原材料回收标准，从而有利于下游企业实现一定的生产规模，设立行业准入门槛阻碍新下游企业进入，抑制市场竞争，同时吸引上游企业进入废弃物循环利用网络；通过废弃物市场获得低成本的原材料，降低生产成本，缩减产量，提高主产品价格，从而获取双边垄断利润。类型二：主产品市场单边垄断，产品市场控制性比较强，生产比较稳定，削减产量对抗原料的不稳定，提高价格，确保产品市场的利润，下游企业主动寻求企业间的长远合作，以获得稳定原材料。类型三：副产品市场的单边垄断，由于产品市场下游企业间竞争激烈，交易成本比较高，利润趋于均衡利润，现实盈利难以保证，且生产不稳定；而废料市场控制能力比较强，下游企业寻求长远合作的主要动力为从废弃物合作中直接产生利润，扩大原料产品规模。类型四：主副产品市场多元竞争，产品市场与原料市场的利益都难以保证，企业间长远合作的动机下降，随机市场交易成为主要交易手段；从关联关系来看，废料市场竞争激烈，均衡产量会更高，意味着需要更多废弃物，废弃物价格下降，促进产品市场的大量废料需求，导致产品市场竞争日趋激烈。采用数理方法进一步研究不同路径的废弃物竞争模式表明：当废弃物具有较高增值价值及市场控制能力强时，加工商选择直接竞争模式时处理废弃物总量最大，其次为混合竞争模式，间接竞争模式废弃物处理量最小；直接竞争模式加工商回收价格最高，混合竞争模式购买的价格次之，间接竞争模式加工商收购废弃物的价格最低，废弃物无价值或具有危险性时，废弃物处理商与回收商共同分享政府补贴；竞争程度比较高时，加工商选择产业链前向延伸或寻求稳定的合作，反之，加工商倾向于选择间接渠道进行合作。

3. 纵向关系中上下游企业利益互为影响且共生演变路径多样化

纵向利益关系市场结构研究表明：上下游企业双边垄断时，企业间彼此依赖性很强，任何一个企业由于经营状况的变更，可能导致合作的瓦解；上游企业完全垄断，下游企业可能为寡头垄断、垄断竞争或完全竞争时，下游企业具有一定的差异性，围绕核心企业形成共生网络结构，随着企业数量的增加，循环网络稳定性增加，利益关系呈现多元化，协调成本增加；上游企业可能为寡头垄断、垄断竞争或完全竞争，下游企业为完全垄断时，围绕综合回收商和核心企业形成共生网络，利益关系存在多元化，共生网络比较稳定，说明废弃物的处理有一定的技术、规模或行政门槛，否则经济效益难以保证；多个上游企业对多个下游企业竞争形态的多元化，多条资源线路的集成合作，网络关系真正形成，网络的稳定性增加，利益关系取决于不同的竞争形态。纵向关系的共生及演化情况研究表明：工业废弃物循环利用网络内部成员企业间的关系是在内外部环境的综合作用下不断演变进化，废弃物资源价值越高，企业彼此间互补性越强，越容易实现废弃资源的循环利用；企业间循环项目的实施存在较强的外部性，会对相关企业产生较强的正向影响（即使对方不合作），将导致企业不合作而坐享利益的机会主义行为；废弃资源的综合利用和梯度循环需要企业前期投入一定资金，这种前期投入和收益滞后性直接影响企业的积极性；外部环境的激励和约束有利于改进市场主体行为的初始选择，对废弃物循环利用网络的形成和演化有着重要作用。

4. 工业废弃物循环利用网络呈现周期性变化，且利益驱动组织模式变化，组织模式的变化进一步驱动网络结构的变化

采用 Logistic 成长及状态演化模型研究表明：工业废弃物循环利用网络具有明显四个阶段特征，每个阶段的演变路径非常清晰。采用 Logistic 模型分析平等型及依托型共生网络利益贡献，进而研究工业废弃物循环利用网络共生演进的机制及其发展路径。研究发现：利益关系从寄生、偏利共生、非对称共生到对称式互惠共生演化，驱动组织模式由点共生、间歇共生、连续共生向一体化共生演化，形成利益行为驱动组织模式变迁，组织模式变更导致网络结构演化的格局。

5. 工业废弃物循环利用网络企业之间利益冲突是客观存在的

依据"利益冲突来源—利益冲突类型—利益冲突演化"分两条路径展开研究。研究表明：受基础条件的影响，企业间建立了结构性的利益关系，而根本的利益关系将可能导致结构性冲突产生，具体表现形式为组织结构冲突、彼此依赖冲突、市场结构冲突、公共性冲突等。利益冲突都根源于利益影响因素，这些因素作用于利益关系，利益关系作用于组织模式，组织模式驱动网络结构的变化，利益关系导致冲突具有结构性特征，受外部条件约束，合作方短期内难以改变，演化条件为关键因素重大突破，容易对循环网络产生较大震荡。经营过程中关键利益影响因素导致企业间利益冲突，维持网络中企业间合作的关键要素需要具备一定的约束条件，若有效的合作条件被打破，将直接导致经营性冲突的产生，具体表现为直接经济利益冲突、机会主义冲突、战略调整冲突、人际冲突、彼此差异冲突、任务冲突、技术冲突及过程冲突，经营性冲突的演化取决于动态调整的结果。

6. 关系协调与契约协调是企业间利益主要协调机制，且关系协调与契约协调具有交互关系，政府对关系协调具有调节作用，对契约协调调节不显著

采用回归分析，研究企业间的协调机制，研究结果表明：其一，契约协调对工业废弃物循环利用网络的效益具有正面影响且显著，契约协调中合同条款的明确性及履约的严格性与网络整体绩效具有显著的正向影响，而突发事件的适应性规定对总体绩效的影响不显著。从回归模型研究结论表明：履约的严格性对环境效益具有显著的正向影响，合同条款的明确性与突发事件的适应性规定对环境效益的影响不显著。合同条款的明确性对经济效益、商业效益与社会效益具有显著的正向影响；履行契约的严格性对环境效益与社会效益具有显著的正向影响，而对经济效益与商业效益的影响不显著。其二，关系协调对工业废弃物循环利用网络的整体绩效具有显著的正向影响，联合行动、互惠投资及联合解决问题对网络整体效益具有显著型的正向影响，其中，联合行动对成员企业的经济效益与商业效益正面影响显著，互惠投资对网络环境效益具有显著的正向影响，联合解决问题除了对环境效益的影响不显著外，对其他三个效益具有正向影响且显著。其三，关系协调与契约协调彼此之间存在交互作用且显著，正式契约可以促进信任的产生，信任与合作会进一步提升契约协调绩效，并降低契约协调成本。其四，政府对工业废弃物循环网络企业合作关系能够进行有效的调节，但对于监督企业有效运行调节作用不明显。

7. 遵循"谁来协调、协调什么、怎么协调"的思路，设计出协调目标、协调主体、协调客体、协调方式"四位一体"的协调体系，并针对不同利益关系、不同的冲突来源及网络的不同阶段，设计出相应的利益协调机制

横向利益关系协调研究表明：废弃物供应商利益关系协调中，政府协调资源供应，提高环境压力及环境标准，企业通过关系协调实施联合定价。加工商通过关系协调强化主产品市场的控制能力，提高废弃物市场增值价值；通过政府协调激活市场竞争，保障中小回收商利益，同时协调政府补贴在流通渠道的分配。纵向利益关系协调研究表明：政府通过经济杠杆及行政手段促进上下游企业间合作，企业通过关系协调和契约协调保障自身利益。不同冲突来源协调机制设计研究表明：低结构及低经营性冲突以关系协调为主，低结构及高经营性冲突以契约协调为主，高结构及低经营性冲突以政府协调为主，高结构及高经营性冲突以政府及契约协调为主。不同阶段协调机制研究表明，导入阶段以政府协调和契约协调为主；成长阶段强化关系协调，调整契约协调；成熟阶段以关系协调为主；衰退或革新阶段以契约协调为主。

8. 针对鄱阳湖生态经济区工业废弃物综合利用的现状，提出相应的对策

提出了建立工业废弃物循环利用网络的组织协调机制，组建鄱阳湖生态经济区产业共生项目管理委员会，成立鄱阳湖生态经济区产业共生项目运作集团；建立工业废弃物循环利用网络的政府规制体系，推进企业联合战略，建立沟通平台及利益共享机制等。

二、研究创新

本书在以下方面有所创新：

1. 建立了"利益关系—关键因素—利益冲突—利益协调"研究框架体系

分析了纵向、横向利益关系，以废弃物合作开发为纽带，对纵向及横向利益关系采用主产品及副产品联动的分析思路，分析成员企业间利益的互动影响过程。关键因素导致利益关系及冲突的演变，利益关系不协调同样导致利益冲突产生，并结合利益关系及利益冲突的本质特征，设计了相应的协调机制。

2. 研究企业间协调与政府协调机制的关系及效能

探讨不同协调机制的内在机理，分析不同协调机制的作用边界和逻辑结构，研究了关系协调、契约协调与政府协调间的关系，分析不同协调机制效能，并进一步研究了政府协调对关系协调及契约协调的调节效应。上述研究将为协调机制提供判定的标准，为政府的有效制度设计及政策建议提供了方向。

3. 设计工业废弃物循环利用网络企业间利益协调机制

依据上述影响利益的关键因素和协调机制的判定标准，利用管理协同的逻辑架构，遵循"谁来协调、协调什么、怎么协调"的思路，设计出协调目标、协调主体、协调客体、协调方式"四位一体"的协调体系，并针对不同利益关系、不同的冲突来源及网络的不同阶段，设计出相应的利益协调机制。

三、研究展望

自从 Frosch 和 Gallopoulos（1989）发表了《制造业的战略》，正式提出了"工业生态"的概念，颠覆了制造业传统模式，才使循环经济在工业界、政府和学界蔚然成风①。循环经济组织的本质是成员企业之间相互利益关系的联结而形成的一个开放性的复杂网络系统，成员企业通过原材料、半成品、成品、副产品以及各种物质流等建立紧密或半紧密工业共生关系。为此，研究制约工业废弃物循环利用网络形成、发展、内在治理机制将会成为未来研究热点。

本书遵循"利益关系—利益冲突—利益协调"逻辑思路，分别研究了工业废弃物循环利用网络企业利益影响因素、企业间利益关系、利益冲突、利益协调机制，但并未把上述研究对象纳入一个系统协调的模型进行分析，未来的研究将继续构建"协调机制—关键因素—利益关系"系统模型，研究网络企业利益传导机制这将是下一项新的研究课题。

本书通过文献归纳和回归分析证实，关系协调与契约协调具有交互关系，政府协调对企业间协调具有调节作用，但并未证实关系协调与契约协调在工业废弃物循环利用网络中是互补关系还是替代关系，也未全面证实政府协调和企业协调之间的内在调节机理，为此，遵循系统分析的逻辑思维，分析不同协调机制的作用边界和逻辑结构，动态地研究网络内部协调机制耦合就成为未来研究的一大挑战。

① Frosch R., Gallopoulos N. Strategies for Manufacturing [J]. Scientific, American, 1989, 261 (3): 165–166.

附录　调查问卷

尊敬的先生/女士：

您好！非常感谢您在百忙之中填答本问卷。此问卷是国家自然科学基金《鄱阳湖生态经济区工业废弃物循环利用网络企业间利益协调机制研究》的重要组成部分，该调研帮助我们了解工业废弃物循环利用网络构建的影响因素和协调机制，您所提供的信息对于我们研究十分重要！

联系人：　　　　　　　　　通信地址：

移动电话：　　　　　　　　电子邮件：

第一部分　基本资料

本资料仅用于整体统计分析，不涉及个人隐私，请您放心填写。

1. 贵企业的性质是＿＿＿＿＿＿

□国有及国有控股企业　□集体所有制企业　□联营企业　□合伙企业

□中外合资企业　□私营企业　□外商独资企业　□其他

2. 贵企业所在市、县、区＿＿＿＿＿＿＿＿＿＿＿＿＿＿＿＿＿＿

3. 贵企业年销售收入（或营业收入）大约为＿＿＿＿＿＿＿＿＿＿

□1000 万元以下　　　□1000 万~4999 万元　　　□5000 万~1 亿元

□1 亿~5 亿元　　　□5 亿元以上

4. 贵企业所处的发展阶段是＿＿＿＿＿＿＿＿

□创业阶段：企业成立不久，效益不太稳定

□发展阶段：企业产品结构基本稳定，生产正常，效益逐步提高

□成熟阶段：产品结构固定，企业效益比较平稳

□衰退阶段：产品市场缩小，企业效益平稳

□再次创业阶段：原产品逐渐萎缩，企业产品进入升级换代，或正转化为新的产品

5. 贵企业所属行业领域_____

□光电　　□新能源　　□生物医药　　□铜冶炼和加工　　□优质钢材

□石化　　□航空　　　□汽车及配件　　□陶瓷　　　　　□钨和稀土

□其他

第二部分　工业废弃物循环利用网络构建的影响因素

下面是列举了影响工业废弃物循环利用网络企业利益因素，请根据贵企业的实际情况判断出这些因素对企业开展合作的影响程度，请在最符合您及所在企业实际情况的数字上打"√"。

序号	工业废弃物循环利用网络利益影响因素	非常重要	重要	无所谓	不重要	非常不重要
x1	保持企业良好社会形象	1	2	3	4	5
x2	银行贷款支持	1	2	3	4	5
x3	税收减免优惠支持	1	2	3	4	5
x4	地方财政项目性资金支持	1	2	3	4	5
x5	政府行政手段的支持	1	2	3	4	5
x6	企业经营面临的法律环境	1	2	3	4	5
x7	降低治污费用的压力	1	2	3	4	5
x8	减少废弃物排放的压力	1	2	3	4	5
x9	企业周围居民的环境要求	1	2	3	4	5
x10	空间距离的相近	1	2	3	4	5
x11	基础设施的完备性	1	2	3	4	5
x12	市场供需结构	1	2	3	4	5
x13	产业的多样性	1	2	3	4	5
x14	废弃物属性	1	2	3	4	5
x15	市场竞争形式	1	2	3	4	5
x16	现代信息技术水平	1	2	3	4	5
x17	技术成熟稳定度	1	2	3	4	5

续表

序号	工业废弃物循环利用网络利益影响因素	非常重要	重要	无所谓	不重要	非常不重要
x18	企业技术创新能力	1	2	3	4	5
x19	企业自身风险	1	2	3	4	5
x20	战略经营调整	1	2	3	4	5
x21	合作中的专用性资产	1	2	3	4	5
x22	合作关系能够带来市场机会	1	2	3	4	5
x23	合作关系能够满足企业供应链的需求	1	2	3	4	5
x24	合作伙伴相对于企业的某项业务更具专业化	1	2	3	4	5
x25	合作伙伴具备企业需要的特有资源和特有能力	1	2	3	4	5
x26	展开和维护合作关系的成本更低	1	2	3	4	5
x27	企业与合作伙伴的社会关系	1	2	3	4	5
x28	合作伙伴的信誉	1	2	3	4	5
x29	合作伙伴同属一个集团	1	2	3	4	5
x30	合作伙伴与母公司有股权合作	1	2	3	4	5
x31	企业的合作需要服从母公司的战略	1	2	3	4	5
x32	企业的适应性	1	2	3	4	5
x33	企业管理水平	1	2	3	4	5

第三部分　协调机制

下面罗列了一些企业间协调治理的手段，请在最符合您及所在企业实际情况的数字上打"√"。

序号	工业废弃物循环利用网络协调机制	非常符合	比较符合	一般	较不符合	极不符合
CCC1	合同很复杂	1	2	3	4	5
CCC2	合同包含很多特别条款	1	2	3	4	5
CCC3	合同考虑了很多法律工作	1	2	3	4	5
ACC1	合同制定了应对突发事件的一般性原则和指导方针	1	2	3	4	5
ACC2	合同条款涵盖交易的所有方面	1	2	3	4	5
ACC3	合同制定了应对突发事件的具体措施	1	2	3	4	5

续表

序号	工业废弃物循环利用网络协调机制	非常符合	比较符合	一般	较不符合	极不符合
SCC1	合同界定了何种情况终止和如何终止交易的条款	1	2	3	4	5
SCC2	对合作方违约行为采取强硬措施	1	2	3	4	5
SCC3	合同规定受损方会受到强大法律保护和经济赔偿	1	2	3	4	5
SCC4	合同规定违约方会受到严厉法律制裁和经济惩罚	1	2	3	4	5
JARC1	公司与合作方联合分享短期与长期目标和计划	1	2	3	4	5
JARC2	公司与合作方联合分享新产品开发战略	1	2	3	4	5
JARC3	公司与客户联合分享市场战略	1	2	3	4	5
ITRC1	公司与合作方提供大量互惠支持	1	2	3	4	5
ITRC2	公司与合作方员工之间建立良好人际关系	1	2	3	4	5
ITRC3	互相提供培训支持	1	2	3	4	5
ITRC4	合作方彼此间依赖承诺	1	2	3	4	5
JRRC1	合作双方搭建了共同交流的平台	1	2	3	4	5
JRRC2	公司与合作方共同解决业务问题	1	2	3	4	5
JRRC3	公司建立系统的冲突解决机制以培养客户关系	1	2	3	4	5
RGC1	政府对资源综合利用项目提供财政支持	1	2	3	4	5
RGC2	政府对资源综合利用项目提供税收优惠	1	2	3	4	5
RGC3	政府严格执行"谁污染、谁付费"原则	1	2	3	4	5
RGC4	政府对资源综合利用项目提供金融支持	1	2	3	4	5
EGC1	政府鼓励企业从事资源再生利用	1	2	3	4	5
EGC2	政府严格执行环境监理标准	1	2	3	4	5
EGC3	政府建立环境绩效评估体系及环境管理体系	1	2	3	4	5
LGC1	与合作者发生纠纷时政府相关机构介入协调	1	2	3	4	5
LGC2	与合作伙伴发生纠纷时通过仲裁方式解决	1	2	3	4	5
LGC3	与合作伙伴发生纠纷时通过上诉的方式进行解决	1	2	3	4	5

第四部分　网络效益

请根据贵公司的实际情况，填写企业间废弃物合作给贵公司带来的效益，请在最符合您及所在公司实际情况的数字上打"√"。

序号	工业废弃物循环利用网络绩效	非常符合	比较符合	一般	较不符合	极不符合
ENP1	改善了资源利用效率	1	2	3	4	5
ENP2	减少自然原材料的利用	1	2	3	4	5
ENP3	减少污染物排放	1	2	3	4	5
RNP1	减少资源的投入成本	1	2	3	4	5
RNP2	减少废弃物管理成本	1	2	3	4	5
RNP3	从副产品和废物流获得额外收入	1	2	3	4	5
BNP1	改善了公司与外部各方的关系	1	2	3	4	5
BNP2	提高了绿色发展形象	1	2	3	4	5
BNP3	有利于新产品和新市场开发	1	2	3	4	5
SNP1	创造新的就业和提高现有工作的质量	1	2	3	4	5
SNP2	有利于创建一个更清洁、更安全、更自然的工作生活环境	1	2	3	4	5

参考文献

[1] 曹瑄玮，张新国，席西民．模块化组织中的协调机制研究 [J]．研究与发展管理，2007（5）：38-44.

[2] 陈富良，何笑．社会性规制的冲突与协调机制研究 [J]．江西社会科学，2009（5）：187-191.

[3] 陈艳莹，姜滨滨，夏一平．纵向企业网络理论研究进展述评 [J]．产业经济评论，2010（2）：18-25.

[4] 陈志祥．敏捷供应链供需协调绩效关联分析与实证研究 [J]．管理科学学报，2005（1）：78-87.

[5] 程新章．组织理论关于协调问题的研究 [J]．科技管理研究，2006（10）：232-235.

[6] 崔琳琳，柴跃廷．企业群体协同机制的形式化建模及存在性 [J]．清华大学学报（自然科学版），2008（4）：486-489.

[7] [德] 霍斯特·西伯特．环境经济学 [M]．蒋敏元译．中国林业出版社，2001.

[8] 刁晓纯，苏敬勤等．工业园区中产业生态网络构建的实证研究 [J]．研究与发展管理，2009（2）：37-44.

[9] 冯南平，杨善林．循环经济系统的构建与"技术—产业—制度"生态化战略 [J]．科技进步与对策，2009（1）：64-67.

[10] 付小勇，朱庆华，窦一杰．回收竞争的逆向供应链回收渠道的演化博弈分析 [J]．运筹与管理，2012（4）：41-51.

[11] 高君，程会强．自主实体共生模式下企业共生的博弈分析 [J]．环境科学与管理，2009（9）：164-167.

［12］高维和，陈信康．组织间关系演进：三维契约、路径和驱动机制研究［J］．当代经济管理，2009（8）：1-8．

［13］郭朝阳．冲突管理：寻找矛盾的正面效应［M］．广东经济出版社，2000．

［14］黄新建，甘永辉．工业园循环经济发展研究［M］．中国社会科学出版社，2009．

［15］贾良定．专业化、协调与企业战略［M］．南京大学出版社，2002．

［16］李森，杨锡怀，戚桂清．相同企业竞争策略与合作策略的收益与风险分析［J］．东北大学学报，2005（9）：907-919．

［17］李志波．循环经济网络形成与演化机制研究［D］．江西财经大学硕士学位论文，2012．

［18］刘学敏．我国推进循环经济的深层障碍［J］．经济纵横，2005（7）：15-17．

［19］刘永胜．供应链管理中协调问题研究［D］．天津大学博士学位论文，2003（6）．

［20］卢福财，朱文兴．工业废弃物循环利用中企业合作的演化博弈分析——基于利益驱动的视角［J］．江西社会科学，2012（10）：53-59．

［21］马凯．贯彻和落实科学发展观，大力推进循环经济发展［J］．中国经贸导刊，2004（19）．

［22］马亮．公共网络绩效研究综述——组织间网络的视角［J］．甘肃行政学院学报，2009（6）：46-54．

［23］马世骏，王如松．复合生态系统与持续发展复杂性研究［M］．科学出版社，1993．

［24］潘开灵，白烈湖．管理协同理论及其应用［M］．经济管理出版社，2006．

［25］彭正银．企业网络组织的异变及治理模式的适应性研究［M］．经济科学出版社，2009．

［26］宋华，徐二明，胡左浩．企业间冲突解决方式对关系绩效的实证研究［J］．管理科学，2008（1）：14-21．

［27］苏敬勤，习晓纯．产业生态网络研究［M］．大连理工出版社，2009．

［28］汤吉军．资产专用性、"敲竹杠"与新制度贸易经济学［J］．经济问

题，2010（8）：5-7.

［29］汪毅，陆雍森．论生态产业链的柔性［J］．生态学杂志，2004，23（6）：138-142.

［30］王朝全．论循环经济的动力机制与制度设计［J］．生态经济，2006（8）：56-59.

［31］王发明．循环经济系统的结构和风险研究——以贵港生态工业园为例［J］．财贸研究，2007（5）：14-18.

［32］王兆华，武春友．基于工业生态学的工业共生模式比较研究［J］．科学学与科学技术管理，2002（2）：66-69.

［33］王兆华．循环经济：区域产业共生网络——生态工业园发展的理论与实践［M］．经济科学出版社，2007.

［34］吴槐庆，牛艳玉．破解循环经济发展中的价格难题［J］．浙江经济，2005（23）：38-39.

［35］伍世安．论循环经济条件下的资源环境价格形成［J］．财贸经济，2010（1）：101-106.

［36］徐大伟，王子彦，谢彩霞．工业共生体的企业链接关系的分析比较——以丹麦卡伦堡工业共生体为例［J］．工业技术经济，2005，24（1）.

［37］徐建中，马瑞先．企业发展循环经济的利益激励对策研究［J］．改革与战略，2007（9）：135-137.

［38］杨慧馨，冯文娜．中间性组织研究——对中间性组织成长与运行的分析［M］．经济科学出版社，2008.

［39］杨蕙馨，纪玉俊，吕萍．产业链纵向关系与分工制度安排的选择及整合［J］．中国工业经济，2007（9）：14-21.

［40］袁静，毛蕴诗．产业链纵向交易的契约治理与关系治理的实证研究［J］．学术研究，2011（3）：59-67.

［41］张嫚．环境规制与企业行为间的关联机制研究［J］．财经问题研究，2005（4）：34-39.

［42］张青山，游明忠．企业动态联盟的协调机制［J］．中国管理科学，2003（2）：96-100.

［43］张玉堂．利益论——关于利益冲突与协调问题的研究［M］．武汉大

学出版社，2001.

[44] 张子刚. 中间层组织的治理与协调研究 [D]. 华中科技大学博士学位论文，2006.

[45] 赵涛，杨立宏，路琨. 基于外部性的循环经济网络利益平衡机制研究 [J]. 中国农机化，2009（5）：98-101.

[46] 朱文兴，卢福财. 鄱阳湖生态经济区产业共生网络构建研究 [J]. 求实，2013（2）：61-64.

[47] Adler P. Market, Hierarchy, and Trust：the Knowledge Economy and the Future of Capitalism [J]. Organization Science, 2001, 12（2）：214-234.

[48] Akbar Zaheer and N. Venkatraman. Relational Governance as an Interorganizational Strategy：An Empirical Test of the Role of Trust in Economic Exchange [J]. Strategic Management Journal, 1995, 16（5）：373-392.

[49] Alfred Posch. From "Industrial Symbiosis" to "Sustainability Network" [R]. Spring：The Environment and Sustainable Development in the New Central Europe：Austria and its Neighbors, 2002.

[50] Alfred Posch. Industrial Recycling Networks as Starting Points for Broader Sustainability-oriented Cooperation? [J]. Journal of Industrial Ecology, 2010, 14（2）：242-257.

[51] Anderson JC, Narus JA. A Model of the Distributor's Firm and Manufacturer Firm Working Partnerships [J]. Journal of Marketing, 1990（54）：42-58.

[52] Anna Wolf, Mats Eklund, Mats Söderström. Developing Integration in a Local Industrial Ecosystem-an Explorative Approach [J]. Business Strategy and the Environment, 2007（16）：442-455.

[53] A. R. Elangovan. Managerial Third—Party Dispute Intervention：A Prescriptive Model of Strategy Selection. Academy of Mangerial Review, 2000, 20（4）：800-830.

[54] Arnt Buvik, Sven A. Haugland. The Allocation of Specific Assets, Relationship Duration, and Contractual Coordination in Buyer-seller Relationships [J]. Scand. J. Mgmt, 2005（21）：41-60.

[55] Beamon B. M. Measuring Supply Chain Performance [J]. International

Journal of Operations & Production Management, 1999, 18 (4): 275-292.

[56] Bernheim BD, Whinston MD. Incomplete Contracts and Strategic Ambiguity [J]. American Economic Review, 1998 (88): 902-932.

[57] Bertha Maya Sopha, Annik Magerholm Fet, Martina Maria Keitsch, and Cecilia Haskins. Using Systems Engineering to Create a Framework for Evaluating Industrial Symbiosis Options [J]. Systems Engineering, 2009 (9): 149-160.

[58] Bertha Maya Sopha, Annik Magerholm Fet, Martina Maria Keitsch, Cecilia Haskins. Using Systems Engineering to Create a Framework for Evaluating Industrial Symbiosis Options [J]. Systems Engineering, 2009, 9 (6): 149-160.

[59] Boons, F. History's Lessons: A Critical Assessment of the Desrochers Papers [J]. Journal of Industrial Ecology, 2008 (12: 2): 148-158.

[60] Chen Xudong, Fujita Tsuyoshi, Ohnishi Satoshi, Fujii, Minoru; Geng, Yong. The Impact of Scale, Recycling Boundary and Type of Waste on Symbiosis and Recycling [J]. Journal of Industrial Ecology, 2012, 16 (2): 129-141.

[61] Chertow, M. R. Industrial Symbiosis: Literature and Taxonomy [J]. Annual Review of Energy and the Environment, 2000, 25: 313-337.

[62] Chertow M. R. The Eco-industrial Park Model Reconsidered [J]. Journal of Industrial Ecology, 1999, 2 (3): 8-10.

[63] Chertow M. R. Uncovering Industrial Symbiosis [J]. Journal of Industrial Ecology, 2007, 11 (1): 11-30.

[64] Christopher J. Medlin, Jacques-Marie Aurifeille, Pascale G. Quester. A Collaborative Interest Model of Relational Coordination and Empirical Results [J]. Journal of Business Research, 2005 (58): 214-222.

[65] Cote, Raymond and J. Hall (eds). The Industrial Ecology Reader [J]. Halifax, Nova Scotia: Dalhousie University, School for Resource and Environmental Studies, 1995: 66-71.

[66] Deshon R. P., Kozlowskiswj, Schmidtam et al., A Multiple - Goal, Multilevel Model of Feedback Effects on the Regulation of Individual and Team Performance [J]. Journal of Applied Psychology, 2004, 89 (6): 1035-1056.

[67] Desrochers P. Industrial Symbiosis: the Case for Market Coordination

[J]. Journal of Cleaner Production, 2004 (12): 1099-1110.

[68] Desrochers P. Regional Development and Inter-industry Recycling Linkages: Some Historical Perspectives [J]. Entrepreneurship and Regional Development, 2002, 14 (1): 49-65.

[69] Dyer J., Singh H. The Relational View: Cooperative Strategy and Sources of Interorganizational Competitive Advantage [J]. Academy of Management Review, 1998 (23): 660-679.

[70] Ehrenfeld J. and N. Gertler. Industrial Ecology in Practice: The Evolution of Interdependence at Kalundborg [J]. Journal of Industrial Ecology, 1997, 1 (1): 67-79.

[71] Ehrenfeld J., Chertow M. Industrial Symbiosis: the Legacy of Kalundborg. In a Handbook of Industrial Ecology [M]. Elgar: Cheltenham, 2002: 334-348.

[72] Ewa Liwarska-Bizukojc, Marcin Bizukojc, Andrzej Marcinkowski, Andrzej Doniec. The Conceptual Model of an Eco-industrial Park Based upon Ecological Relationships [J]. Journal of Cleaner Production, 2009 (17): 732-741.

[73] Frosch R., Gallopoulos N. Strategies for Manufacturing [M]. Scientific, American, 1989.

[74] Gerry Batonda, Chad Perry. Approaches to Relationship Development Processes in Inter-firm Networks [J]. European Journal of Marketing, 2003, 37 (10): 1457-1484.

[75] Gerwin D. Integrating Manufacturing into the Strategic Phases of New Product Development [J]. California Management Review, 1993, 35 (4): 123-136.

[76] Gibbs D. and P. Deutz. Reflections on Implementing Industrial Ecology through Eco-industrial Park Development [J]. Journal of Cleaner Production, 2007, 15 (17): 1683-1695.

[77] Gibbs D. Trust and Networking in Inter-firm Relations: the Case of Eco-Industrial Development [J]. Local Economy, 2003, 18 (3): 222-236.

[78] Gittell J. H. Relationships between Service Providers and Their Impact on

Customers. Journal of Service Research, 2002, 4 (4): 299-311.

[79] Gittell J. H., Seidner R., & Wimbush J. A Relational Model of How High-Perfomance Work Systems Work [J]. Organization Science, 2010, 21 (2): 490-506.

[80] Goldman R. M. A Theory of Conflict Processes and Organizational Offices [J]. Journal of Conflict Resolution, 1966 (10): 328-343.

[81] Goles T. The Impact of the Client-vendor Relationship on Outsourcing Success [D]. Unpublished Dissertation, University of Houston, 2001: 86-90.

[82] Gordon D. Fat & Mean. The Corporate Squeeze of Working Americans and the Myth of Managerial "Downsizing" [M]. Free Press, New York, 1996.

[83] Grandori A. Organization and Economic Behaviour [M]. London: Routledge, 2000.

[84] Granovetter M. Conomic Action and Social Structure: the Problem of Embeddedness [J]. American Journal of Sociology, 1985, 91 (3): 481 – 510.

[85] Gregory M. Rose, Aviv Shohamb. Interorganizational Task and Emotional Conflict with International Channels of Distribution [J]. Journal of Business Research, 2004 (57): 942- 950.

[86] Hanshi. Industrial Symbiosis from the Perspectives of Transaction Cost Economics and Institutional Theory [D]. Yale University, 2010: 73.

[87] Heeres R. R, W. J. V. Vermeulen, F. B. de Walle. Eco-Industrial Park Initiatives in the USA and the Netherlands: First Lessons [J]. Journal of Cleaner Production, 2004 (12): 985-995.

[88] Heinz Peter Wallner. Towards Sustainable Development of Industry: Networking, Complexity and Eco-clusters [J]. Journal of Cleaner Production, 1999.

[89] Hill C. Cooperation, Opportunism, and the Invisible Hand: Implications for Transaction Cost Theory [J]. Academy of Management Review, 1990 (15): 500-513.

[90] Inês Costa, Guillaume Massard, Abhishek Agarwal. Waste Management Policies for Industrial Symbiosis Development: Case Studies in European Countries [J]. Journal of Cleaner Production, 2010, 18 (8): 815-822.

［91］Jap Sandy D., Shanker Ganesan. Control Mechanisms and the Relationship Life Cycle: Implications for Safeguarding Specific Investments and Developing Commitment ［J］. Journal of Marketing Research, 2000, 37 (5): 227-245.

［92］Jeffrey J. Reuer, Africa Arino. Strategic Alliance Contracts: Dimensions and Determinants of Contractual Complexity ［J］. Strategic Management Journal, 2007 (28): 313-333.

［93］Jody Hoffer Gittell. Supervisory Span, Relational Coordination, and Flight Departure Performance: A Reassessment of Postbureaucracy Theory ［J］. Organization Science, 2001, 12 (4): 468-483.

［94］Johnson S., McMillan J., Woodruff C. Courts and Relational Contracts ［J］. Journal of Law, Economics and Organization, 2002 (18): 221-277.

［95］Joseph A. Pantoja. Desirable Economic Cooperation among High-Technology Industries: A Look at Telephone and Cable ［J］. Colum. Bus. L. Rev, 1994: 617-619.

［96］Joseph J. Molnar and David L. Rogers A Comparative Model of Interorganizational Conflict ［J］. Administrative Science Quarterly, 1979, 24 (3): 405-425.

［97］Joskow P. Contract Duration and Relationship Specific Investments: Empirical Evidence from Coal Markets ［J］. American Economic Review, 1987 (77): 168-185.

［98］J. Pfeffer, GR Salancik. The External Control of Organizations: A Resource Dependence Approach ［M］. Harper and Row Publishers, 1978.

［99］Kenneth Boulding. The Economics of the Coming Spaceship Earth ［M］. Hohns Hopkins Press, Maryland, 1969.

［100］Klein B. and Leffler K. B. The Role of Market Forces in Assuring Contractual Performance ［J］. Journal of Political Economy, 1981, 89 (4): 615-641.

［101］Klein B. Contracts and Incentives ［M］. Cambridge, MA: Contract Economics, 1992.

［102］Larson A. Network Dyads in Entrepreneurial Settings: a Study of Governance of Exchange Relationships ［J］. Administrative Science Quarterly, 1992 (37): 76-104.

［103］Larsson R. The Handshake between Invisible and Visible Hands: Toward a Tripolar Institutional Framework ［J］. International Studies, 1993, 23 (1): 87-116.

［104］Lewontin R. C. Evolution and the Theory of Games ［J］. Journal of Theoretical Biology, 1960, 1: 382-403.

［105］Loïc PLÉ. How does the Customer Fit in Relational Coordination? An Empirical Study in Multichannel Retail Banking ［J］. Management, 2013, 16 (1): 1-30.

［106］Lowe E., J. Warren and S. Moran. Discovering Industrial Ecology: An Executive Briefing and Source Book ［M］. Battelle Press, 1997.

［107］Lowe E., Moran S., Holmes D. A Fieldbook for the Development of Eco - industrial Parks. Report for the U. S. Environmental Protection Agency. Oakland (CA): Indigo Development International, 1995.

［108］Lusch R. F. and Brown J. R. Interdependency, Contracting, and Relational Behavior in Marketing Channels ［J］. Journal of Marketing, 1996 (60): 19-38.

［109］Lyons D. I. A Spatial Analysis of Loop Closing among Recycling, Remanufacturing, and Waste Treatment Firms in Texas ［J］. Journal of Industrial Ecology, 2007, 11 (1): 43-54.

［110］Macneil IR. Contracts: Adjustment of Long-term Economic Relations under Classical, Neoclassical and Relational Contract Law ［J］. Northwestern University Law Review, 1978 (72): 854-905.

［111］Malmberg A. Industrial Geography: Location and Learning ［J］. Progress in Human Geography, 1997, 21 (4): 573-582.

［112］Malone T. W. & Crowston, K. The Interdisciplinary Study of Coordination ［J］. Computing Surveys, 1994, 26 (1): 87-119.

［113］Maria Bengtsson, Sören Kock. Cooperation and Competition in Relationships between Competitors in Business Networks ［J］. Journal of Business & Industrial Marketing, 1999, 14 (3): 178 - 194.

［114］Marian Chertow and John Ehrenfeld. Organizing Self-Organizing Systems

Toward a Theory of Industrial Symbiosis [J]. Journal of Industrial Ecology, 2012, 16 (1): 13–27.

[115] Maynard Smith J. and G. R. Price: The Logic of Animal Conflicts. Nature, 1973: 15–18.

[116] Maynard Smith. The Theory of Games and the Evolution of Animal Conflict [J]. Journal of Theoretical Biology, 1974 (47): 209–221.

[117] Menon A., Bharadwaj S. G., Howell R. The Quality and Effectiveness of Marketing Strategy: Effects of Functional and Dysfunctional Conflict in Intraorganizational Relationships [J]. Journal of the Academy of Marketing Science, 1996, 24 (4): 299–313.

[118] Michel Nakhla. Information, Coordination and Contractual Relations in firms [J]. International Review of Law and Economics, 2003 (23): 101–119.

[119] Mirata M. Experiences from Early Stages of a National Industrial Symbiosis Programme in the UK: Determinants and Coordination Challenges [J]. Journal of Cleaner Production, 2004 (12): 967–983.

[120] M. Mirata, Industrial Symbiosis: A Tool for More Sustainable Regions? [M]. Doctoral Dissertation. Lund University, Sweden, 2005.

[121] Murat Mirata, Tareq Emtairah. Industrial Symbiosis Networks and the Contribution to Environmental Innovation: The Case of the Landskrona Industrial Symbiosis Programme [J]. Journal of Cleaner Production, 2005 (13): 993–1002.

[122] Nijkamp P., Vreeker R. Sustainability Assessment of Development Scenarios: Methodology and Application to Thailand [J]. Ecological Economics, 2000, 33 (1): 7–27.

[123] Peter Vincent–Jones. Contract and Business Transactions: A Socio–Legal Analysis, J. L. & Soc'y, 1989 (16): 166–169.

[124] Pierre Desrochers. Cities and Industrial Symbiosis: Some Historical Perspectives and Policy Implications [J]. Journal of Industrial Ecology, 2002, 5 (4): 124–130.

[125] Pratima Bansal, Brent Mcknight. Looking Forward, Pushing Back and Peering Sideways: Analyzing the Sustainability of Industrial Symbiosis. Journal of

Supply Chain Management, 2009, 45 (4): 26-37.

[126] Praveen R. Nayyar & Robert K. Kazanjian, Organizing to Attain Potential Benefits from Information Asymmetries and Economies of Scope in Related Diversifid Firms [J]. Acad. Mgmt. Rev, 1993 (18): 735-742.

[127] Schwarz E. J., Steininger K. W. Implementing Nature's Lesson: Industrial Recycling Network Enhancing Development [J]. Journal of Cleaner Prouduction, 1995, 5 (1): 47-56.

[128] Solomon J. & Solomon A. Corporate Governance and Accountability [M]. Chichester: John Wiley & Sons, 2004.

[129] Sterr T., T., Ott. The Industrial Region as a Promising Unit for Eco-industrial Development-reflections, Practical Experience and Establishment of Innovative Instruments to Support Industrial Ecology [J]. Journal of Cleaner Production, 2004, 12 (8-10): 947-965.

[130] Teresa Doménech, Michael Davies. The Role of Embeddedness in Industrial Symbiosis Networks: Phases in the Evolution of Industrial Symbiosis Networks [J]. Business Strategy and the Environment, 2011 (20): 281-296.

[131] Thompson J. Organizations in Action. McGraw Hill [M]. New York, NY, 1967.

[132] Todeva E. Governance. Control and Coordination in Network Context: The Cases of Japanese Keiretsu and Sogo Shosha [J]. Journal of International Management, 2005 (11): 87-109.

[133] Uzzi B. Embeddedness in the Making of Financial Capital: How Social Relations and Networks Benefit Firms Seeking Financing [J]. American Sociological Review, 1999 (64): 481-505.

[134] Van de Ven A. H., Delbecq A. L, Koenig Jr., R. Determinants of Coordination Modes within Organizations [J]. American Sociological Review, 1976, 41 (4): 322-338.

[135] Walker G., Poppo L. Profit Centers, Single – source Suppliers and Transaction Costs. Administrative ScienceQ uarterly, 1991 (42): 35-67.

[136] Wang. Y. Q., Li M. Unraveling the Chinese Miracle: a Perspective of

Interlinked Relational Contract ［J］. Journal of Chinese Political Science, 2008, (3)：269-285.

［137］Weslynne Ashton. Understanding the Organization of Industrial Ecosystems: A Social Network Approach ［J］. Journal of Industrial Ecology, 2008, 12 (1)：34-51.

［138］Weslynne S. Ashton. The Structure, Function, and Evolution of a Regional Industrial Ecosystem ［M］. Journal of Industrial Ecology, 2009, 13 (2)：228-246.

［139］Williamson O. E. The Economic Institutions of Capitalism ［M］. Free Press, 1985.

［140］Yvesl Doz. The Evolution of Cooperration in Strategic Alliances: Initial Conditions or Learning Processes. Strategic Management Journal ［J］. 1996 (17)：55-83.

后 记

近年来，卢福财教授带领其博士、硕士研究生及其他科研团队成员对工业废弃物循环利用网络这一新兴产业组织形态进行了系统研究，取得了一系列研究成果。在之前出版的一本书中，我们对工业废弃物循环利用网络形成、演化及运行等进行了深入研究。本书紧扣工业废弃物循环利用网络成员企业间利益关系的本质，研究利益关系的结构、影响因素及治理协调机制，试图为工业废弃物循环利用网络的有效运行提供理论指导。

正确处理成员企业间的利益关系是工业废弃物循环利用网络有效运行的核心问题和最重要保障机制，这是从经济学视角研究工业废弃物循环利用网络这一主题的根本出发点和关键着力点。然而，这一问题的研究难度大大超出了我们的预期和想象，最主要的是实证数据难以获取，主要原因是企业对于涉及环保数据敏感性高，不太愿意直接提供客观数据，加之很多企业客观数据方面的缺失，我们只有使用主观问卷数据来进行分析，这使得很多重大的理论假设难以得到基于客观数据的实证检验。最初在研究工业废弃物循环网络的利益问题时，试图研究企业间利益的分配问题，经过初步调研，发现大量我们所能接触到的企业在废弃物处理方面，还是停留在松散型的市场合作，形成稳定的合作利益分配的循环网络的比较少，难以形成实证的数据链，后来我们确定以利益协调机制为主题，主要目的是梳理清楚企业间的利益关系，把握利益驱动的本质，透析从网络形成到网络演变利益关系的变化。尽管花费了大量心血、付出了巨大劳动，但在本书即将正式交付出版之时，我们依然觉得还有很多问题研究不够深入，很多内容不够完善，还需继续努力攻关。

本书由卢福财教授和朱文兴博士共同撰写而成，内容既包括朱文兴博士学位论文的部分内容，也综合了卢福财教授及其团队成员的大量科研成果。在本书写作过程中，我们感谢苏敬勤、毛蕴诗等大量学者在相关领域的丰富研究成果，虽然我们主观上想对所有文献资料都予以标注，但不可避免会存在挂一漏万的情况，在此要对这些研究工作者一并表达我们诚挚的谢意。

我们还要感谢国家自然科学基金委、江西省科技厅的领导及江西财经大学科研处、江西财经大学产业经济研究院、江西理工大学科研处、江西理工大学经济管理学院的领导和老师为本书出版所提供的条件和帮助，还要感谢经济管理出版社的领导和郭丽娟等编辑为本书出版所付出的辛勤劳动。

本书作者

2015 年 9 月